D1717851

« La Science en Clair »

Collection dirigée
par
Louis Leprince-Ringuet

Nous sommes inondés d'informations sur les sujets scientifiques comme sur les autres. Les unes sont trop ardues, d'autres trop superficielles ou trop partielles. Il nous est bien difficile de les trier, d'avoir une idée juste sur leur degré d'exactitude et nous ne parvenons pas à clarifier, à bien cadrer, à saisir dans son ensemble la question qui nous intéresserait.

La collection « La Science en Clair » répond aux besoins de clarté, de précision, de simplicité manifestés par le public. Les grands thèmes scientifiques sont abordés par d'authentiques hommes de science, soucieux de communiquer avec le lecteur non spécialiste en évitant le jargon rebutant des notes savantes, en adoptant un langage aussi simple que possible tout en maintenant l'exactitude du propos.

Chaque ouvrage relate une aventure passionnante. Il doit se lire comme une histoire plus extraordinaire que la meilleure science-fiction. Les grands sujets des galaxies et de l'espace, de l'énergie solaire, de la cellule biologique et de son évolution, de la génétique et des mutations, de la structure interne de notre globe terrestre, des océans et de leur potentiel, de l'atmosphère et de ses caprices, de la biologie des groupes humains, etc., seront traités dans des livres alertes et bien illustrés.

Autant de merveilleuses aventures pour notre esprit car la science incite à un émerveillement toujours renouvelé.

ARIANE
ET
LA NAVETTE SPATIALE

◁ Fig. 1. *Lancement de la fusée Ariane LO3 le 19 juin 1981.*

A Muriel et François-Xavier, qui voyageront peut-être en fusée...

Alain Dupas

ARIANE
ET LA
NAVETTE SPATIALE

Hachette
littérature générale

INTRODUCTION

LE PRINTEMPS D'ARIANE ET DE LA NAVETTE

12 avril 1981 : la navette américaine Columbia s'élance de Cap Canaveral pour un premier voyage triomphal dans l'espace. 19 juin 1981 : la fusée franco-européenne Ariane accomplit un troisième vol parfait. En quelques semaines, les deux grands lanceurs occidentaux des vingt prochaines années ont franchi une étape décisive dans leur développement. La navette a démontré la viabilité de sa conception révolutionnaire, qui lui permettra de se rendre dans le cosmos et d'en revenir une centaine de fois avec à chaque reprise un équipage et une lourde charge utile. Ariane a confirmé son premier succès du 24 décembre 1979, et prouvé que les causes de son échec du 23 mai 1980 étaient corrigées. Elle sera opérationnelle au début de 1982, quelques mois avant la navette spatiale.

Le lancement de Spoutnik date de près d'un quart de siècle. Des hommes voyagent dans l'espace depuis vingt ans. La lune a été conquise en 1969. Quels nouveaux défis justifient la construction de la navette et d'Ariane, alors que le lancement spatial est une technique depuis longtemps maîtrisée ? La réponse est très différente pour les États-Unis et pour l'Europe.

La navette est l'instrument d'une grande ambition technologique : rendre l'accès à l'espace beaucoup plus simple et économique. Elle représente un pari qui n'a de sens que pour un énorme volume d'activités spatiales, incluant des programmes militaires et de prestige. Ariane est le moyen d'une ambition technique plus modeste : ouvrir à l'industrie européenne le marché de l'espace utile, qui comprend essentiellement les satellites de télécommunications et, dans une moindre mesure, les véhicules d'observation de la Terre. Ce marché, qui est à la fois commercial et de service public, est en pleine expansion. Pour en prendre une part notable, la disponibilité d'une capacité indépendante de lancement est obligatoire. D'où le programme Ariane.

Fruits d'ambitions très éloignées, la navette et Ariane sont pourtant concurrentes : elles offrent le même service pour le lancement des satellites d'application internationaux. Dans cette compétition, Ariane, fusée classique, a-t-elle ses chances face à la navette, fusée révolutionnaire ? Très certainement. Ariane, en effet, a été spécialement conçue pour mettre sur orbite ce type de satellite. Elle est parfaitement adaptée à cette tâche. La navette, en revanche, est un lanceur « tous azimuts », dont la mission idéale n'est pas la satellisation de plates-formes d'application.

Avec le remarquable printemps 1981 d'Ariane et de la navette, les problèmes du lancement spatial sont revenus au premier plan de l'actualité. L'objet de ce livre est de faire le point sur ces problèmes, avec leurs aspects techniques et économiques, leurs contextes historique et international, leurs perspectives d'avenir. L'astronautique, pourrait-on écrire en paraphrasant Lénine, c'est la propulsion par fusée plus le transistor. Le transistor, cela signifie l'électronique des circuits à l'état solide, qui seuls ont permis la construction des vaisseaux pilotés et des satellites d'application sophistiqués. Sans l'électronique moderne, l'astronautique serait inutile. Mais sans les fusées, elle serait complètement impossible. Il ne faut pas l'oublier.

I

LE NOUVEAU TRANSPORT SPATIAL

Le transport spatial change. Les lanceurs des années 1960 ont été le plus souvent conçus pour répondre aux exigences d'une mission difficile : la satellisation d'un vaisseau piloté, l'envoi de sondes automatiques vers la Lune ou une planète. La fusée américaine Atlas-Centaur a ainsi été construite pour envoyer les stations automatiques Surveyor se poser sur la Lune. Les lanceurs géants Saturn ont été développés au bénéfice exclusif du programme Apollo. La performance était alors le critère essentiel.

Priorité au service

Au cours des années 1970, la notion de service a supplanté celle de performance. L'important n'est plus l'exploit balistique, mais la satisfaction des besoins d'un utilisateur payant le transport de son satellite. Cet utilisateur peut être une administration nationale (les P et T français par exemple), un organisme international (l'Organisation mondiale de télécommunications spatiales Intelsat), ou bien une entreprise privée (comme la Compagnie luxembourgeoise de télédiffusion).

Mais dans tous les cas les facteurs essentiels d'appréciation deviennent le coût et le respect des délais. Un prix de lancement élevé signifie une rentabilité réduite. Un retard peut entraîner une interruption de service catastrophique.

Certains lanceurs, comme les mastodontes Saturn, n'ont pas survécu à ce changement. D'autres, au contraire, se sont remarquablement adaptés. C'est le cas de deux fusées américaines, l'Atlas-Centaur déjà citée, et la Thor-Delta, qui ont lancé jusqu'en 1980 la quasi-totalité des satellites de télécommunications civils non soviétiques.

Fig. 2. *Les lanceurs américains Thor-Delta et Atlas Centaur ont été les précurseurs du nouveau transport spatial, axé sur la fourniture d'un service pratiquement commercial.*

Ariane et la navette spatiale ont été directement conçues dans l'esprit de l'astronautique de service. La performance n'est pas exclue : la navette est le lanceur le plus sophistiqué jamais réalisé. Mais elle n'est plus gratuite : elle vise à une réduction des coûts, à un accroissement de la disponibilité, de la rentabilité.

Arianespace

Toute proportion gardée, le transport spatial doit désormais satisfaire aux mêmes servitudes que le transport aérien : face à la concurrence, garantir prix et délais d'acheminement. D'ores et déjà, la N.A.S.A. fonctionne un peu comme une agence commerciale de lancement, une « American Space-line » en quelque sorte : la majorité des tirs qu'elle effectue le sont « contre remboursement » pour le compte d'utilisateurs américains ou non. Cette tendance va s'accentuer avec l'entrée en service opérationnel de la navette spatiale. Aux États-Unis, certaines voix se sont déjà élevées pour demander que la gestion de la flotte de navettes soit retirée à la N.A.S.A. — qui est en principe une agence de recherche et de développement — pour être confiée au secteur privé. En Europe,

Allemagne	19,6 %
Belgique	4,4 %
Danemark	0,7 %
Espagne	2,5 %
France	59,25 %
Grande-Bretagne	2,4 %
Irlande	0,25 %
Italie	3,6 %
Pays-Bas	2,2 %
Suède	2,4 %
Suisse	2,7 %

Tableau I : Répartition des actions de la société Arianespace parmi les pays membres de l'Agence spatiale européenne (A.S.E.). Au total dans ces différents pays, 51 actionnaires se partagent le capital de 120 millions de francs. La société Arianespace est la première société de droit privé au monde chargée de la réalisation de lancements spatiaux. Elle a la responsabilité de la construction, de la commercialisation et de la mise en œuvre des fusées Ariane à partir de l'exemplaire n° 11 (tir L11). Sa création traduit l'évolution vers le nouveau transport spatial commercial.

un souci du même ordre a conduit à la création d'une société de droit privé français, Arianespace, dont le capital de 120 millions de francs est réparti entre des entreprises publiques ou privées de onze États (tableau 1). La société Arianespace est responsable de la production, la commercialisation, et la mise en œuvre des fusées Ariane à partir du onzième exemplaire, dont le lancement est prévu pour mai 1983 (tir L11). Le développement de versions améliorées d'Ariane reste du ressort de l'Agence spatiale européenne (A.S.E.) et du Centre national d'Études spatiales (C.N.E.S.) français.

Client numéro un : les télécommunications

Le nombre de lancements possibles est limité par la capacité des chaînes de production et des installations de tir. Pour Ariane, la limite est de 5 à 6 tirs par an jusqu'en 1985, et de dix au-delà. Pour la navette, le nombre de lancements prévus est au total de 57 jusqu'à la fin de 1986. Dans ces conditions, les créneaux de tir sont attribués aux clients suivant le principe du « premier arrivé, premier servi » (avec toutefois une priorité conditionnelle pour les missions militaires aux États-Unis). En juillet 1981, le carnet de commandes de la fusée Ariane affichait pratiquement complet jusqu'en 1985 (tableau 2), et la situation était la même pour la navette.

Le carnet de commandes d'Ariane est révélateur de la nature des clients du nouveau transport spatial : 85 % des charges utiles prévues ont des missions de télécommunications. Cette situation s'explique par le fait que l'astronautique offre au secteur des télécommunications un service exceptionnel, irremplaçable : la possibilité de disposer des relais fixes à 35 800 km d'altitude au-dessus de l'équateur, en visibilité directe de tout un hémisphère.

Objectif : l'orbite géostationnaire

Cette possibilité résulte d'une propriété remarquable de l'orbite circulaire à 35 800 km d'altitude au-dessus de l'équateur : un objet spatial la parcourt en 23 h 56 mn, dans le temps exact d'une rotation de la terre autour de son axe. Cet objet apparaît donc immobile à tout observateur terrestre : il est « géostationnaire », et sa trajectoire est appelée « orbite géostationnaire ».

Dès 1945, le futur auteur de science-fiction Arthur C. Clarke avait fait la preuve de son imagination prospective en reconnaissant l'intérêt pratique de l'orbite géostationnaire : trois satellites régu-

Fig. 3. *Depuis l'orbite géostationnaire, à 35 800 km d'altitude au-dessus de l'équateur, un satellite a en permanence tout un hémisphère dans son champ de vision. Sur cette photographie, transmise par le satellite européen Météosat-2, on distingue bien l'Afrique et l'Europe.*

Mars

Année	Mois	Tir	Charge utile	Client	Mission	Orbite
1982 (série de promotion. Responsable A.S.E.)	Mars	L5	Marecs B + Sirio 2	A.S.E. * A.S.E. *	Télécom. maritimes Météorologie	Géostationnaire
	Avril/Mai	L6	Intelsat V n° 6	Intelsat *	Télécommunications	Géostationnaire
	Juin/Juillet	L7	Exosat	A.S.E. *	Scientifique	Elliptique
	Sept./Octobre	L8	E.C.S. 1	A.S.E. *	Télécommunications	Géostationnaire
	Nov./Décembre	L9	Intelsat V N° 7	Intelsat *	Télécommunications	Géostationnaire
1983 (série opérationnelle. Responsable Arianespace)	Février	L10	Intelsat V N° 8	Intelsat *	Télécommunications	Géostationnaire
	Mai	L11	E.C.S. 2	A.S.E. *	Télécommunications	Géostationnaire
	Juillet	L12	Télécom. 1A + Marecs C	France * A.S.E.	Télécommunications	Géostationnaire
	Octobre	L13	Télécom 1B + R.C.A.–H	France * U.S.A. (privé)	Télécommunications	Géostationnaire
	Décembre	L14	Arabsat 1 + Westar	Pays arabes U.S.A. (privé)	Télécommunications	Géostationnaire
1984	Février	L15	Place libre	—	—	—
	Avril	L16	Spot + Viking	France * Suède *	Observation Terre Scientifique	Polaire basse
	Juin	L17	Satcol 1 + Arabsat 2	Colombie Pays arabes	Télécommunications	Géostationnaire
	Août	L18	TV Sat	Allemagne *	TV directe	Géostationnaire
	Octobre	L19	Satcol 2 + Tél-Sat 1	Colombie Suisse	Télécommunications TV directe	Géostationnaire
	Décembre	L20	TDF 1	France	TV directe	Géostationnaire

Année	Mois	Tir	Charge utile	Client	Mission	Orbite
1985	Février	L21	Australisat 1 + place libre	Australie	Télécommunications	Géostationnaire
				–	–	–
	Avril	L22	L-Sat	A.S.E.	TV directe	Géostationnaire
	Mai	L23	Luxsat + Australisat 2	Comp. Lux. Tél. Australie	TV directe Télécommunications	Géostationnaire
	Juillet	L24	Giotto + S.T.C.	A.S.E. U.S.A. (privé)	Étude Comète Halley TV directe	Interplanétaire Géostationnaire
	Septembre	L25	–	A.S.E.	Essai Ariane-4	–
	Décembre	L26	Place libre	–	–	–
		L27	Place libre	–	–	–

Tableau 2 : Carnet de commande des lancements de la fusée Ariane de 1982 à 1985. Les clients marqués de « * » ont passé des commandes fermes, les autres n'ont pris que des réservations. Il s'agit naturellement d'un calendrier prévisionnel à la date de l'été 1981, susceptible de grandes modifications. Ce calendrier a cependant l'intérêt de montrer la nature du marché du nouveau transport spatial, à caractère pratiquement commercial, qui s'ouvre au début des années 1980. Ce marché est largement dominé par les besoins du secteur des télécommunications.

lièrement espacés sur cette orbite, proposait-il, pourraient relayer des communications radioélectriques entre deux points quelconques du globe. Ces prédictions ont été réalisées, et bien au-delà. Le premier satellite géostationnaire, Syncom 1, a été lancé par les États-Unis le 14 février 1963. Et en 1980, on dénombrait environ soixante-dix charges utiles sur cette trajectoire.

La première application a été l'acheminement des télécommunications transocéaniques (téléphone, télex, télévision). Elle est mise en œuvre par l'organisation internationale Intelsat, qui comprend plus de cent pays membres et exploite des satellites très performants : les engins de la génération Intelsat V, introduits en 1980, relaient simultanément douze mille circuits téléphoniques. Mais le grand essor des télécommunications spatiales proviendra de la création de très nombreux réseaux nationaux ou régionaux (liaisons entre des pays d'une même région du globe). Cet essor commence, et il se poursuivra jusqu'à la fin du siècle avec un taux de croissance de l'ordre de 25 % par an.

Télédiffusion et météorologie

Ce premier domaine des télécommunications spatiales est décrit par l'expression « télécommunications point à point » : les signaux sont acheminés via un satellite entre deux points, en l'occurrence deux stations disposant d'équipements relativement importants (antennes de plus de 10 mètres de diamètre). Deux autres secteurs commencent à le compléter. D'une part, la « télédiffusion », ou « T.V. directe » qui consiste à rayonner depuis un satellite géostationnaire des émissions qui peuvent être directement captées par des particuliers (avec une antenne de 1 mètre environ et un décodeur). D'autre part, le domaine des liaisons avec des mobiles (navires d'abord, avions peut-être, camions, etc.).

Une plate-forme géostationnaire a par ailleurs la possibilité de suivre en permanence l'évolution de la couche nuageuse sur une grande partie de la surface du globe. Depuis 1978, dans le cadre d'une expérience climatologique internationale, un réseau de cinq engins météorologiques géostationnaires fonctionne autour de la Terre (trois américains, un européen, un japonais). Cette application deviendra opérationnelle pendant les années 1980.

Ariane sur l'orbite de transfert

Le « marché » des lancements sur l'orbite géostationnaire promet d'être très important : il est estimé à 170 satellites environ pour la décennie 1986-1995, parmi lesquels 110 pour les « télécommunications point à point », 50 pour la télédiffusion et 10 pour la météorologie.

La fusée Ariane a été spécifiquement prévue pour ce marché. Elle est optimisée pour les lancements de satellites sur l'orbite géostationnaire, ou plus précisément sur une trajectoire appelée « orbite de transfert ». De quoi s'agit-il ? Pour le comprendre, il faut considérer la manière dont se déroule la satellisation d'une charge utile géostationnaire. Le lancement a lieu en deux temps. Premier temps : la fusée porteuse s'élève à 200 km d'altitude et communique une vitesse de 10250 m/s (36 900 km/h) à un ensemble constitué par le satellite et un petit bloc propulseur appelé « moteur d'apogée ». L'ensemble satellite/moteur d'apogée se déplace alors sur sa lancée le long d'une trajectoire balistique qui va l'amener de 200 km à 35 800 km d'altitude. Cette trajectoire est « l'orbite de transfert » : elle permet le « transfert » de la charge utile entre le niveau de 200 km où s'achève le travail de la fusée porteuse, et le niveau de 35 800 km, qui est celui de l'orbite géostationnaire.

Moteur d'apogée et circularisation

Le deuxième temps d'une satellisation géostationnaire est la manœuvre de « circularisation » : il s'agit de faire passer le satellite de « l'orbite de transfert », qui est elliptique, à l'orbite géostationnaire, qui est circulaire. L'opération a lieu à 35 800 km d'altitude, à « l'apogée* » de l'orbite de transfert : le « moteur d'apogée » est mis à feu, et communique au satellite une vitesse complémentaire de 1 480 m/s environ (ceci du moins, pour un lancement depuis une base équatoriale comme Kourou). Cette vitesse, s'ajoutant à la vitesse propre du véhicule, qui était encore de 1 600 m/s, assure l'insertion sur la trajectoire géostationnaire.

Le moteur d'apogée est en fait le dernier étage de la fusée porteuse : il achève le travail de celle-ci. Mais en pratique, il est consi-

---

* L'apogée est le point d'une orbite le plus éloigné de la Terre.

déré comme une partie intégrante de la charge utile. Le « client »
fournit son satellite accolé au moteur d'apogée nécessaire, et c'est
lui qui sera responsable de la manœuvre de « circularisation ».
L'agence de lancement (la N.A.S.A. ou Arianespace) n'assure que le
placement sur l'orbite de transfert. C'est dans cet esprit qu'Ariane a
été réalisée. Les lanceurs Atlas-Centaur et Thor-Delta fournissent
d'ailleurs le même service.

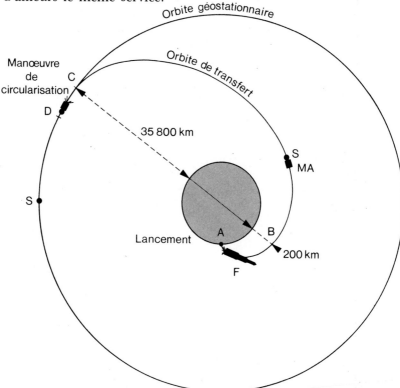

Fig. 4. *Lancement en deux temps d'un satellite géostationnaire depuis une base
équatoriale. La fusée porteuse F s'élève au-dessus de l'atmosphère le long de la trajectoire AB. Parvenue à 200 km d'altitude (point B), elle libère sa charge utile
(moteur d'apogée MA + satellite S). Celle-ci parcourt alors « l'orbite de transfert »
(arc BC) qui l'amène à 35 800 km d'altitude (point C). En ce point, le moteur
d'apogée (MA) est allumé. A l'issue de son fonctionnement (arc CP), le satellite S se
trouve inséré sur l'orbite géostationnaire (grand cercle). C'est la manœuvre de « circularisation ».*

Les classes de satellites géostationnaires

Les satellites géostationnaires constituent le principal marché du transport spatial des prochaines décennies. Cela étant, quelles sont les masses de ces satellites ? Il s'agit d'un point essentiel pour déterminer les performances optimales d'un lanceur. En particulier, si ces satellites possédaient des masses très variables, il serait pratiquement impossible d'utiliser une fusée au mieux de ses capacités. Mais cela n'est pas le cas : les masses des satellites géostationnaires se répartissent en grandes classes, qui constituent une adaptation aux possibilités des lanceurs disponibles. Ces classes sont définies par la masse qu'il est nécessaire de placer en orbite de transfert, autrement dit par la masse totale du satellite et de son moteur d'apogée. Comme nous l'avons souligné, cette masse est celle qui est prise en considération par l'agence de lancement. Elle représente environ le double de la masse du satellite seul.

En 1981, deux grandes classes de satellites géostationnaires se dégagent :

— la classe Delta — 1 100 kg en orbite de transfert — ainsi appelée car elle s'accorde à la capacité de la fusée Thor-Delta. Elle correspond aux plates-formes de « télécommunications point à point » nationales et régionales : le satellite français Télécom-1 par exemple, ou encore les engins européens E.C.S. (European Communication Satellites).

— la classe Atlas-Centaur — 1 750 kg en orbite de transfert — qui est définie par les possibilités du lanceur du même nom. Les satellites internationaux Intelsat V appartiennent à cette classe.

De Ariane-1 à Ariane-4

Ariane a été conçue pour lancer les charges utiles de la classe Atlas-Centaur. Qui peut le plus pouvant le moins, elle est naturellement capable de satelliser les charges de la classe Delta. Mais dans ce cas, elle est sous-utilisée. A moins de trouver une charge utile complémentaire. Grâce à un système baptisé Svlda (Système de lancement double Ariane), Ariane peut en effet lancer deux satellites géostationnaires à la fois.

L'idéal serait qu'Ariane puisse lancer simultanément deux satellites de la classe Delta, puisque ceux-ci sont les plus nombreux sur le marché. Cela exigerait une capacité de placer 2 400 kg sur l'orbite de transfert (deux fois 1 100 kg, plus les 200 kg de Sylda), ce

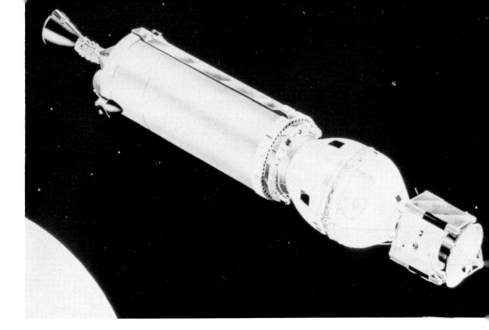

Fig. 6. *Pour améliorer le « taux de remplissage » des fusées, qui devient une notion importante à l'heure de l'astronautique commerciale, le lancement simultané de plusieurs satellites est une procédure qui devient courante. Cette photographie montre le système Sylda (Système de Lancement Double Ariane) qui permet à la fusée Ariane de placer sur orbite de transfert deux satellites à la fois.*

qui excède les performances de la première version d'Ariane, Ariane-1. Mais une version améliorée, Ariane-3, aura cette possibilité à partir de 1983.

Les classes de satellites géostationnaires ne sont pas figées. D'une part, celles qui existent évoluent : ainsi, les satellites de « télécommunications point à point » de la classe Delta s'alourdiront pendant les années 1980 pour répondre à une demande croissante ; leurs masses croîtront sans doute de 1 100 kg à 1 500 kg sur orbite de transfert. D'autre part, de nouvelles classes apparaissent : les plates-formes de TV-directe auront une masse de 2 400 kg environ sur orbite de transfert (classe Ariane-3) ; les futurs satellites Intelsat VI, qui apparaîtront vers 1986, seront encore plus lourds : au moins 3 500 kg sur orbite de transfert. Pour répondre à ces évolutions inévitables, les lanceurs doivent connaître une amélioration

◁ Fig. 5. *Satellite télématique français Télécom-1, qui doit être lancé en 1983 par une fusée Ariane. Il appartient à la « classe Delta » (1100 kg sur orbite de transfert).*

continue. C'est le sens du passage de Ariane-1 à Ariane-3, puis à Ariane-4 (plus de 4 000 kg en orbite de transfert), dont le premier lancement est prévu pour 1985.

La navette : un lanceur remarquable pour les orbites basses

Ariane est une fusée classique, dans le sens ou chaque exemplaire ne sert qu'une fois. La navette est en revanche un moyen de lancement d'un type nouveau, dont une grande partie est réutilisable cent fois. Elle n'est pas, comme Ariane, capable d'injecter directement des satellites géostationnaires sur leur orbite de transfert. Son domaine est celui des « orbites basses », c'est-à-dire des trajectoires dont l'altitude n'excède pas 500 km. Mais dans ce

Fig. 7. *Véhicule de lancement en grande partie réutilisable, la navette spatiale américaine possède des performances exceptionnelles pour placer des charges utiles sur orbite basse. Elle satellise ici près de la Terre une plate-forme lourde d'observation astronomique.*

domaine, ses performances sont extraordinaires : elle peut satelliser une charge de 29 500 kg, et un équipage, sur une orbite de 300 km d'altitude inclinée à 28,5° sur l'équateur. Dans ces conditions d'emploi optimales, elle devrait être très économique : son coût de lancement affiché étant de 35 millions de dollars, chaque kilogramme de charge utile satellisé ne revient qu'à 1 200 $. Pour la même trajectoire à 300 km d'altitude, la charge utile d'Ariane-1 n'est que de 4 900 kg, et le prix de satellisation est de 6 000 $/kg environ. La navette aurait donc pour ce type de mission un avantage économique d'un facteur cinq par rapport à Ariane.

L'observation civile de la Terre : pas de concurrence pour les lanceurs

Cet avantage a cependant plus d'importance théorique que pratique. D'une part, il est surestimé du fait de l'emploi du prix officiel des tirs de navette : comme nous le verrons, le prix réel est sans doute très supérieur. D'autre part, il n'y a pas de compétition commerciale pour les satellisations sur orbites basses. La seule application pratique civile de ces trajectoires est l'observation de la Terre, soit pour la météorologie — satellites américains Tiros-N par exemple —, soit pour l'étude des ressources terrestres — satellites américains Landsat et français Spot. Dans ces deux cas, les plates-formes d'observation évoluent à environ 800 km d'altitude, sur des orbites « polaires », qui, allant d'un pôle à l'autre, leur permettent de survoler en quelques jours la totalité du globe.

Ces plates-formes d'observation sont relativement peu nombreuses : une trentaine pour la décennie 1986-1995, contre environ 170 satellites de télécommunications. Elles sont assez légères : de 1 000 kg à 2 000 kg, et elles sont loin d'assurer un bon remplissage de lanceurs comme Ariane (2 400 kg de charge utile sur orbite polaire basse) ou la navette (15 000 kg de charge utile dans les mêmes conditions). Enfin, les satellites de météorologie ou d'observation de la Terre ne sont pas commerciaux ; ils sont exploités par des agences nationales qui en confient le lancement aux fusées nationales. La navette satellisera les charges utiles américaines de ce type et Ariane les charges utiles françaises et européennes. Et si un marché apparaît dans ce domaine, il portera sur les ventes de photographies prises par les satellites d'étude des ressources terrestres, et non sur les lancements de ceux-ci.

Missions militaires et vols habités

Les orbites basses ont, par rapport à l'orbite géostationnaire, un intérêt commercial très limité. Elles ont, en revanche, une énorme importance stratégique et politique pour une super-puissance comme les États-Unis. Cette importance explique que la navette spatiale ait été construite en priorité pour réduire les coûts de satellisation sur orbite basse, et pour transporter facilement des hommes dans l'espace. L'application militaire la plus importante des orbites basses est la reconnaissance spatiale : les satellites espions constituent le moyen de contrôle essentiel des accords de désarmement stratégique partiel ; ils représentent une source d'informations irremplaçable sur le potentiel militaire adverse. La navette a été spécifiquement dimensionnée pour pouvoir placer sur orbite polaire basse des satellites de reconnaissance lourds (plus de 15 000 kg) et pour aller ensuite rechercher ces satellites dans l'espace.

Les vols spatiaux pilotés restent par ailleurs une activité importante pour le prestige des États-Unis. Vers 1990, il est probable que ceux-ci construiront et desserviront, grâce à la navette, une station orbitale habitée en permanence.

Navette + moteur de périgée = Ariane

La navette est un lanceur « tous azimuts ». Elle doit servir à maintenir la sécurité et le prestige des États-Unis, mais aussi, comme Ariane, assurer la mise sur orbite des satellites d'application géostationnaires. Comment procède-t-elle, alors qu'elle ne peut elle-même s'élever à plus de 1 200 km d'altitude ?

L'opération se déroule en trois temps (contre deux seulement pour Ariane) :

— *Premier temps :* la navette emporte dans sa soute le futur satellite géostationnaire et son moteur d'apogée, accolés à un bloc propulseur supplémentaire : le « moteur de périgée ». Elle place cet ensemble sur orbite basse, à 200 km d'altitude, avec une vitesse de 7 800 m/s.

— *Deuxième temps :* l'ensemble — satellite + moteur d'apogée + moteur de périgée — est libéré dans l'espace par la navette. Le

◁ Fig. 8. *Les orbites basses n'ont qu'une seule application pratique civile : l'observation de la Terre et, en particulier, l'étude des ressources terrestres par des satellites comme la plate-forme française S.P.O.T. (lancée par une fusée Ariane en 1984).*

moteur de périgée est mis à feu. Il créé une impulsion de 2 450 m/s, qui porte la vitesse totale à 10 250 m/s. Le satellite et son moteur d'apogée se déplacent alors sur l'orbite de transfert, le long de laquelle ils vont s'élever à 35 800 km d'altitude. La combinaison — navette + moteur de périgée — a réalisé le même travail qu'Ariane. (Le moteur de périgée doit son nom au fait qu'il fonctionne au périgée* de l'orbite de transfert.)

— *Troisième temps* : il s'agit, comme dans le cas d'un lancement par Ariane, de la manœuvre de « circularisation » réalisée au moyen du moteur d'apogée.

P.A.M.-A, P.A.M.-D et I.U.S.

Trois moteurs de périgée ont été, dans un premier temps, développés pour la navette spatiale, afin que celle-ci puisse répondre à la demande des différentes classes de satellites géostationnaires.

— Le P.A.M.-D, qui correspond à la classe Delta (P.A.M. signifie « Payload Assist Module », c'est-à-dire « Module d'appoint [propulsif] de la charge utile » ; le « D » indique la classe Delta).

— Le P.A.M.-A, pour la classe Atlas-Centaur.

— L'I.U.S. qui peut placer dans sa configuration standard 5 000 kg sur l'orbite de transfert **, c'est-à-dire lancer des satellites plus lourds que la future Ariane-4 (I.U.S. signifie « Inertial Upper Stage », soit étage supérieur inertiel).

La navette peut emporter simultanément dans sa soute quatre P.A.M.-D, ou bien deux P.A.M.-A, ou bien encore un I.U.S.

Comme Ariane, elle fait donc appel à des lancements multiples pour améliorer son coefficient de remplissage.

Une compétition ouverte

La navette, comme nous l'avons souligné, est un véhicule d'excellentes performances pour placer des charges utiles sur orbite

---

*   Le périgée est le point d'une orbite le plus proche de la Terre.

** En fait, l'I.U.S. n'est pas seulement un « moteur de périgée ». C'est un véhicule à deux étages, qui inclut un « moteur de périgée » et un « moteur d'apogée » et peut satelliser directement 2,2 t sur orbite géostationnaire.

Fig. 9. *La navette spatiale ne peut s'élever elle-même à plus de 1 200 km d'altitude. Pour envoyer des satellites vers l'orbite géostationnaire, à 35 800 km d'altitude, elle doit faire appel à des étages supérieurs classiques, comme l'I.U.S. représenté sur ce dessin.*

basse. Complétée par un moteur de périgée lui aussi très performant, elle aurait un net avantage sur Ariane pour les mises en orbite de transfert des satellites géostationnaires. Telle était d'ailleurs, au départ, l'intention des Américains. Mais cette intention n'a pu se concrétiser, faute de moyens budgétaires suffisants. En définitive, la navette dispose de moteurs de périgée ayant des performances modestes, alors même qu'Ariane dispose, comme nous le verrons, d'un excellent dernier étage.

Dans ces conditions, l'avantage de la navette pour les missions géostationnaires est réduit. Prenons l'exemple du lancement d'un satellite de la classe Atlas-Centaur. Pour sa mise en orbite de transfert, Arianespace facturera 30 millions de dollars. La N.A.S.A. devra faire payer 24 millions de dollars pour l'occupation d'une demi-navette (les trois quarts du prix total suivant la règle du partage des coûts adoptée par la N.A.S.A.) augmentés de 6 millions de dollars pour l'étage P.A.M.-A. Coût total : 30 millions de dollars.

Le prix officiel sera donc le même. En outre, le tarif proposé aux utilisateurs de la navette spatiale a été établi avant l'expérimentation de celle-ci. Or, il est très difficile d'évaluer a priori le coût de mise en œuvre d'un véhicule aussi radicalement nouveau. Le prix de 35 millions de dollars demandé par la N.A.S.A. est sans aucun doute nettement inférieur au coût réel du lancement. D'une certaine manière, il s'agit d'un prix « d'appel », de « promotion ». Le tarif actuel est garanti jusqu'en 1985 (en dollars constants naturellement). Mais au-delà, une augmentation de l'ordre de 50 % est très vraisemblable, sans qu'il soit d'ailleurs certain que le nouveau prix suffise à couvrir le coût réel du lancement. Dans ces conditions, la compétitivité d'Ariane, déjà excellente, pourrait augmenter dans la seconde moitié de la décennie. Le prix demandé par Arianespace ne devrait pas, en effet, augmenter sensiblement. Rapporté au kilogramme de charge utile, il pourrait même baisser grâce à l'introduction des versions améliorées Ariane-2-3 et 4. Le modèle Ariane-4, par exemple, aura une charge utile plus que doublée, pour un coût supérieur de 50 % seulement à celui d'Ariane-1.

Prix récurrents et qualité des prestations

La compétition commerciale entre Ariane et la navette, pour le nouveau transport spatial, sera ouverte : la comparaison des prix offerts de part et d'autre le montre à l'évidence. Il ne faudrait pas, cependant, accorder à cette notion de prix une importance exclusive.

D'une part, comme nous venons de le souligner pour la navette, la « vérité des prix » n'est pas totale dans l'espace. Les coûts de lancement annoncés sont au mieux des « coûts récurrents », c'est-à-dire couvrant tous les frais engagés pour un lancement, à l'exclusion du développement du matériel. Aux États-Unis, comme en Europe, le développement est pris intégralement en charge par le ou les États. Or, les dépenses correspondantes sont considérables : 5 milliards de francs pour Ariane ; 12 milliards de dollars pour la navette (valeur 1980). Si le gouvernement américain voulait amortir les fonds engagés pour la réalisation de la navette, fût-ce sur 500 vols, le prix de lancement serait au moins doublé.

D'autre part, d'autres facteurs que les prix, même réduits aux coûts récurrents, joueront dans le choix des clients du nouveau transport spatial : préférences politiques ou commerciales, disponibilité des lanceurs, fiabilité effective des mises en orbite. Ces deux derniers éléments d'appréciation se rapportent à la qualité des prestations, qui aura un rôle essentiel.

II

ARIANE, ANATOMIE D'UNE FUSÉE

Un lancement spatial est un spectacle inoubliable. Il y a d'abord l'instant émouvant de la mise à feu, lorsque la fusée s'empanache de fumée et décolle doucement, comme à regret, mince baguette que l'on dirait en équilibre instable sur le doigt d'un jongleur invisible. Dans le silence qui subsiste une poignée de secondes, la vision paraît irréelle. Puis l'onde sonore arrive, le sol gronde, un crépitement infernal se fait entendre. La fusée semble prendre assurance en même temps que vitesse. Elle s'échappe vers le ciel et n'est bientôt plus qu'un point lumineux qui s'évanouit. La scène n'a pas duré une minute. Moins d'un quart d'heure plus tard, à 4 000 km de là, la fusée achèvera son travail à une vitesse inimaginable avant l'ère spatiale : près de 37 000 km/h.

La puissance des Viking

L'impression de puissance que dégage le départ d'un lanceur n'est pas fortuite. Les quatre moteurs fusées Viking 5 qui propulsent le premier étage d'Ariane libèrent une puissance d'un million de kilowatts (kW), comparable à celle d'un réacteur nucléaire. Certes, ce niveau de puissance ne se maintient pas des années, comme celui d'une centrale atomique. Il ne se prolonge que 145 secondes. Mais il est tout de même remarquable qu'une puissance aussi colossale soit produite dans un volume de quelques centaines de litres, par un propulseur plus petit qu'une camionnette.

Fig. 10. *Tir d'essai au point fixe de l'ensemble propulsif Drakkar du premier étage de la fusée Ariane. La poussée développée est de 250 t, et la puissance mise en œuvre, un million de kilowatts, est pratiquement celle d'un réacteur nucléaire.*

Le secret de cette puissance, c'est celui du moteur-fusée. Il s'agit de convertir en énergie cinétique, c'est-à-dire en mouvement, la chaleur dégagée par une violente réaction chimique. Les substances entrant en réaction sont appelées les « propergols ». Dans la plupart des fusées spatiales, elles sont à l'état liquide, et au nombre de deux : le combustible et le comburant, qui jouent respectivement le même rôle que l'essence et l'oxygène de l'air dans le moteur d'une automobile — le premier brûle en présence du second. Pour le chimiste, le combustible est un « réducteur », et le comburant un « oxydant » (tableaux 3 et 4).

	Formule	Température d'ébullition	Densité
Oxygène	O_2	− 183° C	1,14
Tétraoxyde d'azote	N_2O_4	+ 21° C	1,45
Acide nitrique	HNO_3	+ 86° C	1,52
Fluor	F_2	− 188° C	1,54

Tableau 3 : Caractéristiques physiques des principaux comburants (oxydants) utilisables par les fusées à propergols liquides. Le fluor, très fortement corrosif, n'a jusqu'au début des années 1980 fait l'objet que d'emplois expérimentaux.

	Formule	Température d'ébullition	Densité
Kérosène	$\simeq C_{10}H_{20}$	de 80° C à 150° C	0,8
Hydrogène	H_2	− 253° C	0,07
Hydrazine	N_2H_4	+ 114° C	1,01
U.D.M.H. (Diméthyl-hydrazine dissymétrique)	$NH_2-N(CH_3)_2$	+ 63° C	0,8

Tableau 4 : Caractéristiques physiques des principaux combustibles (réducteurs) utilisés par les fusées à propergols liquides. L'hydrazine et l'U.D.M.H. sont des composés chimiquement voisins, mais l'U.D.M.H. a l'intérêt d'être plus stable et moins corrosive.

Tétraoxyde d'azote et U.D.M.H.

De nombreux lanceurs utilisent d'ailleurs le même couple « oxydant-réducteur » que le moteur à explosion d'une voiture, à savoir un hydrocarbure (du kérosène), et de l'oxygène. C'est le cas, par exemple, des fusées américaines Atlas et Thor. Comme le propulseur doit pouvoir fonctionner dans le vide spatial, l'oxygène nécessaire n'est pas prélevé dans l'air, mais emporté dans un réservoir, tout comme le kérosène. Il est conservé à l'état liquide, afin d'occuper un volume réduit. Cela implique une température très basse : l'oxygène liquide bout en effet à − 183 °C (tableau 3) ; c'est un propergol « cryogénique ».

Le couple de propergols kérosène-oxygène liquide possède de bonnes performances (tableau 5). Pour l'étage de base de la fusée Ariane, un autre couple lui a cependant été préféré : le tétraoxyde d'azote comme comburant, et comme combustible la dimethyl hydrazine dissymétrique, que l'on note généralement U.D.M.H. suivant le sigle de son nom anglais (Unsymetrical Di-Methyl Hydrazine). Le tétraoxyde d'azote et l'U.D.M.H. ont l'avantage d'être liquides à la température ambiante (tableaux 3 et 4) ; ils constituent un couple de propergols « stockables », qui peuvent être conservés des jours ou même des semaines dans les réservoirs du lanceur, ce qui facilite beaucoup la mise en œuvre de celui-ci. Un fluide cryogénique comme l'oxygène liquide ne peut, en revanche, être gardé que quelques heures dans son réservoir ; en cas de report du lancement, il doit être vidangé. Un autre avantage du couple tétraoxyde d'azote/U.D.M.H. est son « hypergolicité » : ses deux composants s'enflamment spontanément au contact l'un de l'autre. La manipulation de l'U.D.M.H. est cependant délicate car il s'agit d'un composé volatil très toxique.

Tableau 5 : Performances des principaux couples de propergols liquides utilisés dans les moteurs-fusées. Les vitesses d'éjection données correspondent à un fonctionnement dans le vide. A la pression atmosphérique, elles seraient réduites d'environ 15 %. Les performances réelles de ces propergols peuvent légèrement différer de celles indiquées dans cette table selon les caractéristiques du moteur les utilisant. Les propergols « hypergoliques » s'enflamment spontanément lorsqu'ils sont mis en contact.

Comburant	Combustible	Rapport de mélange	Densité moyenne du mélange	Tempéra-ture de combustion	Vitesse d'éjection V_e	Remarques
Oxygène	Kérosène	2,4	1,02	3 400 °C	3 000 m/s	Nonhypergolique Comburant cryogénique
Oxygène	U.D.M.H.	1,7	0,97	3 200 °C	3 200 m/s	Nonhypergolique Comburant cryogénique
Oxygène	Hydrogène	4	0,28	2 700 °C	4 300 m/s	Nonhypergolique Couple cryogénique
Tétraoxyde d'azote	U.D.M.H.	2,7	1,17	2 800 °C	2 900 m/s	Hypergolique Stockable
Acide nitrique	Kérosène	4,8	1,35	2 950 °C	2 600 m/s	Nonhypergolique Non cryogénique
Fluor	Hydrazine	2	1,30	4 300 °C	3 700 m/s	Comburant cryogénique
Fluor	Hydrogène	8	0,46	3 700 °C	4 500 m/s	Hypergolique Couple cryogénique

Un conduit « convergent-divergent »

La réaction chimique libératrice d'énergie se déroule dans une enceinte en acier réfractaire : la chambre de combustion. Les propergols sont introduits par la partie supérieure de l'enceinte, en forme de dôme, à raison de 250 kg/s dans chaque moteur Viking 5.

Ils brûlent à 2 800 °C sous une pression égale à 54 fois la pression atmosphérique (pression de 54 « bars »). Les gaz surchauffés produits par la combustion s'échappent par un étroit passage

Fig. 11. *Le bloc propulseur Drakkar du premier étage d'Ariane comprend quatre moteurs Viking 5 montés sur un bâti commun.*

à la base de l'enceinte : le « col » de la tuyère. Ils se détendent alors dans la tuyère proprement dite, en forme de « coquetier » et atteignent la sortie du moteur avec une « vitesse d'éjection » très élevée : 2 750 m/s lorsque le propulseur Viking 5 fonctionne dans le vide. Au décollage, la vitesse d'éjection est inférieure : 2 430 m/s seulement. C'est la présence de l'atmosphère qui est la cause de cette performance réduite : elle limite en effet le taux de détente des gaz de combustion, qui est un facteur important dans la création d'une vitesse d'éjection élevée.

La sortie de la chambre de combustion et la tuyère forment un conduit « convergent-divergent » (qui se rétrécit avant de s'élargir), dans lequel la conversion de l'énergie thermique des gaz en énergie cinétique s'effectue avec un excellent rendement : près de 50 %. Cette structure « convergente-divergente » est l'organe essentiel du moteur-fusée. Elle est souvent appelée « tuyère de Laval », du nom de l'ingénieur suédois qui en comprit l'intérêt.

Une tonne de propergols par seconde

L'ensemble propulsif du premier étage d'Ariane, composé de quatre moteurs Viking 5, est appelé Drakkar. Il consomme chaque seconde 1 t de propergols, qui doivent être envoyés sous haute pression dans les chambres de combustion. Deux techniques sont employées dans les fusées spatiales pour effectuer cette opération. La première, la plus simple, est celle de la « pressurisation des réservoirs » : ceux-ci sont maintenus sous forte pression par un gaz comprimé, et il suffit d'ouvrir les vannes pour que les propergols se précipitent vers les propulseurs. Cette méthode est utilisée dans des moteurs-fusées de poussée faible ou moyenne (quelques dizaines de tonnes au plus).

La seconde technique consiste à aspirer les propergols au moyen de pompes rotatives à grand débit. Elle autorise une meilleure régulation dans les propulseurs travaillant à pression élevée comme les Viking. En contrepartie, elle exige l'emploi d'une source motrice auxiliaire, qui mettra en mouvement les turbopompes. On utilise généralement à cette fin un petit moteur-fusée annexe, dont le jet de gaz chauds entraîne une turbine. Ce petit moteur est appelé « générateur de gaz ». Dans le cas des Viking, il brûle les mêmes propergols que les propulseurs principaux : du tétraoxyde d'azote et de l'U.D.M.H. De l'eau est injectée en supplément pour abaisser la température de combustion à 600 °C, et éviter la destruction du générateur.

La turbine d'un Viking fournit la même puissance qu'une centaine de voitures de tourisme : 4 000 kW. Elle entraîne, à 9 600 tours/minute, les turbopompes distribuant le tétraoxyde d'azote, l'U.D.M.H. et l'eau.

Un refroidissement original

Dans le générateur de gaz, la température est limitée grâce à l'injection d'eau. Dans la chambre de combustion principale, en revanche, elle approche 3 000 °C. Faute d'un refroidissement actif, la paroi fondrait rapidement. La solution classique consiste à doter la chambre de combustion, et éventuellement la tuyère, d'une double paroi à l'intérieur de laquelle le combustible circule avant sa combustion. C'est la méthode du refroidissement « par régénération » *(regenerative cooling* en anglais), ainsi appelée car le fluide de refroidissement, le combustible, est sans cesse renouvelé (« régénéré »). Elle est utilisée par la quasi-totalité des moteurs-fusées à propergols liquides, à l'exception justement des Viking. Dans ces derniers, une solution originale a été retenue : c'est un mince film de combustible coulant le long de la paroi intérieure de la chambre de combustion qui protège celle-ci. Avantage : l'absence de double paroi, qui simplifie la fabrication de la chambre de combustion. Le col de la tuyère, particulièrement exposé, est fait d'un graphite très réfractaire.

L'échec d'Ariane L02 : une question d'injecteur

Les propergols sont introduits dans la chambre de combustion d'un Viking par une pièce en alliage léger très importante : l'injecteur, qui pulvérise en milliards de gouttelettes le combustible et le comburant et en assure le mélange. Tout comme la procédure de refroidissement, cette pièce est tout à fait originale : elle injecte les propergols « radialement », depuis la périphérie de la chambre de combustion vers l'axe de celle-ci. Les injecteurs classiques sont « axiaux » : ils fonctionnent à la manière d'une poire de douche, en envoyant les gouttelettes de propergols dans l'axe du moteur.

L'injecteur d'un moteur Viking a beaucoup fait parler de lui après l'échec du tir Ariane L02, le 23 mai 1980. Cet échec, provoqué par une défaillance catastrophique d'un Viking 5 du premier étage, a entraîné un retard de plus d'un an dans le programme. Il a pour origine une instabilité dans la combustion des propergols, survenue 6 s après le décollage. Cette instabilité a créé des fluctuations de pression de haute fréquence (2 300 Hz), qui ont endommagé l'injecteur, et amené une destruction partielle du film d'U.D.M.H. refroidissant la chambre de combustion. Celle-ci a alors fondu localement, et le lanceur a dû être détruit après 108 s de vol. Plusieurs mois d'études et d'essais ont permis de reconstituer cette séquence d'événements, et d'interdire, espère-t-on, son renouvellement. Les mesures correctrices ont essentiellement porté sur l'injecteur, dont les orifices sont désormais d'un diamètre un peu plus important et surtout mieux contrôlé. Le succès du tir Ariane L03, le 19 juin 1981, semble montrer l'efficacité de ces mesures.

Le dangereux effet « Pogo »

Les graves problèmes rencontrés lors du vol Ariane L02 illustrent les difficultés que présente encore la propulsion par fusée à propergols liquides. Ces difficultés ne concernent pas seulement les moteurs proprement dits, mais aussi le système d'alimentation et la structure du véhicule. Le propulseur et ses turbopompes constituent des sources puissantes d'ondes sonores, qui mettent en vibration l'ensemble du lanceur. Celui-ci est naturellement conçu pour résister à ces vibrations. Mais parfois, un couplage dangereux s'établit entre les mouvements des propergols dans les tuyauteries, et des modes d'oscillation propres de la structure. C'est l'effet « Pogo », qui se traduit par des vibrations de grande amplitude sur certaines fréquences « de résonance ». Dans les cas extrêmes, ce phénomène peut amener une rupture d'éléments structuraux ou de canalisations, autrement dit la perte du lanceur. Mais de toute façon, il risque d'endommager la charge utile, et il convient de le limiter en utilisant des dispositifs amortissant les vibrations.

Propergols liquides ou solides : les raisons d'un choix

Instabilités de combustion. Effet Pogo. Ces phénomènes difficiles à maîtriser ne se manifestent pas dans les moteurs-fusées à propergols solides. Dans ces conditions, on peut se demander pourquoi, comme nous l'avons souligné au début de ce chapitre, la plupart des fusées spatiales utilisent des propergols liquides ?

Un propulseur à progergols solides est constitué d'une manière tout à fait différente d'un moteur à propergols liquides. Il est simplement formé d'une enveloppe cylindrique terminée à une extrémité par une classique tuyère « convergente-divergente ». L'enveloppe est remplie par un « pain de poudre », dont l'axe est parcouru par une longue cheminée. La « poudre » — ainsi appelée car elle est une lointaine descendante de la poudre à canon — constitue le propergol solide : le comburant et le combustible, qui vont réagir ensemble, y sont mélangés intimement. Elle s'enflamme spontanément sous l'effet d'une flamme. La combustion se déroule alors le long de la cheminée, et les gaz chauds s'échappent par la tuyère.

Ce type de fusée ne possède ni réservoir, ni tuyauterie, ni turbopompe. Elle peut être stockée des années, et préparée en quelques instants pour un lancement. Mais son fonctionnement manque de souplesse : une fois commencée, la combustion se prolonge obligatoirement jusqu'à son terme, et la poussée ne peut être ajustée. La vitesse d'éjection est en outre légèrement inférieure à celle offerte par les propergols liquides conventionnels. Par ailleurs, la manutention de blocs de poudre de plusieurs dizaines, voire plusieurs centaines de tonnes, sur un cosmodrome, pose des problèmes de sécurité importants.

Pour les applications militaires, les avantages de simplicité et de rapidité de mise en œuvre l'ont emporté : en dehors de l'U.R.S.S., presque tous les missiles balistiques font appel à des propergols solides. Pour les applications spatiales, en revanche, la souplesse d'utilisation, les performances élevées, la sécurité offertes par les propergols liquides ont emporté la décision dans la plupart des cas, et en particulier dans celui d'Ariane.

Vitesse d'éjection et poussée

C'est la vitesse d'éjection des gaz de combustion qui caractérise le niveau de performance d'un moteur-fusée. Pour des propergols liquides, cette vitesse dépend essentiellement du couple utilisé (tableau 5), mais aussi des caractéristiques de fonctionnement du propulseur : une pression plus élevée dans la chambre de combustion, un taux de détente plus important entre le col et la sortie de la tuyère, amélioreront la vitesse d'éjection. La comparaison des moteurs Viking 5 et Viking 4, qui équipent respectivement le premier et le second étage d'Ariane, est instructive à cet égard. Devant fonctionner à la fois dans l'air (au départ) et dans le vide (à la fin de son fonctionnement), le propulseur Viking 5 possède une tuyère relativement courte, résultat d'un compromis entre ces deux régimes de travail : dans l'air, la détente des gaz étant limitée par la pression atmosphérique, une tuyère courte est préférable ; dans le vide, en revanche, une tuyère longue favorise un taux de détente élevé. Le moteur Viking 4 fonctionne, lui, toujours dans le vide. Il a donc été équipé d'une tuyère plus longue. Conséquence : sa vitesse d'éjection atteint 2 890 m/s, contre 2 750 m/s seulement pour le Viking 5 travaillant dans le vide.

Un autre paramètre très important est la poussée du moteur, autrement dit la force qui s'exerce sur la fusée. Cette poussée est égale au produit de la vitesse d'éjection (en m/s) par le débit de propergols (en kg/s). Pour le moteur Viking 5 au décollage, on a ainsi une poussée valant : 2 430 m/s × 250 kg/s = 607 500 newtons. Le newton est l'unité légale de force, mais il est souvent plus évocateur d'exprimer la poussée en « kilogramme-force », en omettant d'ailleurs généralement le mot « force ». Un kilogramme-force vaut 9,81 newtons. La poussée du Viking 5 est donc égale à : 607 500 : 9,81 = 61 926 kg, soit pratiquement 62 t.

La poussée de l'ensemble propulsif du premier étage d'Ariane, le Drakkar, composé de quatre Viking 5 est ainsi de 248 t au décollage : elle est sensiblement supérieure à la masse de la fusée au départ — 210 t —, et c'est pourquoi Ariane peut décoller verticalement.

La loi du rapport de masse

Lorsque Ariane s'élève vers le ciel, elle éjecte à chaque seconde derrière elle une tonne de propergols brûlés, autrement dit une tonne de la matière qui la constitue au départ. Et c'est au prix de ce sacrifice qu'elle accélère. Une fusée, en effet, ne se déplace pas en exerçant une force sur un support, comme une voiture roulant sur un chemin ou un navire voguant sur l'eau. Elle ne prend appui, en quelque sorte, que sur la propre substance qu'elle rejette en arrière. C'est là tout le secret de la propulsion par fusée, qui permet aux engins spatiaux d'accélérer dans le vide cosmique. Le principe physique est le même que celui qui fait « reculer » le chasseur à chaque coup de fusil, ou la mitraillette au départ de chaque balle. C'est celui de la « conservation de la quantité de mouvement ». La balle part dans un sens, le chasseur ou la mitraillette dans l'autre. Les gaz sont éjectés dans un sens, la fusée accélère dans l'autre.

Le problème est que, pour atteindre une grande vitesse, la fusée doit éjecter une grande partie de sa masse initiale. Cela s'exprime mathématiquement par la « loi du rapport de masse » : $V = Ve \times 2,3 \ log \ (Mi/Mf)$. La quantité V est la vitesse créée par la fusée ; Ve est la vitesse d'éjection du moteur ; Mi est la masse initiale, et Mf la masse finale du véhicule ; le quotient (Mi/Mf) est le « rapport de masse » ; quant à l'abréviation *log* elle représente la fonction « logarithme à base 10 ».

Quelques applications de cette formule fondamentale sont données dans le tableau 6. On peut ainsi constater, par exemple,

Rapport de masse (Mi/Mf)	Fraction occupée par les propergols	Vitesse d'éjection Ve des moteurs-fusées				
		2 500 m/s	3 000 m/s	3 500 m/s	4 000 m/s	4 500 m/s
2	50 %	1 730	2 080	2 425	2 770	3 120
3	66,6 %	2 740	3 300	3 850	4 400	4 940
4	75 %	3 460	4 160	4 850	5 540	6 240
5	80 %	4 020	4 830	5 630	6 440	7 250
7	85,7 %	4 860	5 837	6 810	7 780	8 750
10	90 %	5 750	6 910	8 055	9 210	10 370
12	91,6 %	6 200	7 460	8 700	9 940	11 180
		Vitesse créée par la fusée (m/s)				

Tableau 6 : Vitesse V créée par une fusée à un étage en fonction de son rapport de masse (Mi = masse initiale ; Mf = masse en fin de fonctionnement) et de la vitesse d'éjection Ve de ses moteurs-fusées. La formule mathématique est :

$$V = Ve. \ 2,3 \ log \ \frac{(Mi)}{(Mf)}$$

Le rapport de masse de 12 constitue une limite difficilement franchissable, compte tenu de la masse des réservoirs de propergols et des moteurs.

que pour créer une vitesse de 4 160 m/s, une fusée ayant une vitesse d'éjection de 3 000/m/s doit avoir un rapport de masse égal à 4 ; autrement dit, les propergols doivent occuper les 3/4 de sa masse initiale.

Le problème : créer une vitesse de 11 500 m/s

Quelle vitesse Ariane doit-elle créer ? Nous l'avons indiqué dans le chapitre précédent : pour placer une charge utile sur l'orbite de transfert vers l'orbite géostationnaire, il faut atteindre une vitesse de 10 250 m/s à 200 km d'altitude, soit 36 900 km/h. Pour que cette vitesse soit effectivement atteinte, les moteurs du lanceur devront toutefois créer une vitesse supérieure : une partie du travail de ces moteurs est en effet utilisée pour lutter au départ contre le frottement atmosphérique, et une autre pour élever le véhicule de zéro à 200 km d'altitude. En réalité, la vitesse que doivent créer les moteurs d'Ariane est voisine de 11 500 m/s.

Une fusée simple, avec son moteur, ses réservoirs de propergols, et sa charge utile, peut-elle créer une vitesse aussi élevée ? La réponse à cette question est négative. Avec une vitesse d'éjection de 3 000 m/s, supérieure à celle des Viking, il faudrait un rapport de masse de 46. Autrement dit, la structure de la fusée et la charge utile devraient ne représenter au total que 2 % de la masse initiale, contre 98 % aux propergols. Cela est complètement impossible : compte tenu du poids minimum des moteurs et des réservoirs, la structure de la fusée ne peut pratiquement pas représenter moins de 8 % de la masse initiale. Le rapport de masse maximal concevable est de 12, sans aucune charge utile. Or, pour créer une vitesse de 11 500 m/s avec un rapport de masse de 12, il faudrait une vitesse d'éjection de 4 650 m/s, irréalisable comme le montre le tableau 5 donnant les performances des principaux propergols.

La solution : une fusée à trois étages

Le problème est insoluble. Cela, du moins, avec une fusée simple, car la situation est toute différente avec une fusée « multiple », « gigogne », ou « à étages ». Toutes ces expressions décrivent la même méthode : disposer plusieurs fusées les unes au-dessus des autres, chacune faisant successivement une partie du travail. Prenons par exemple le cas d'un lanceur à trois étages, ayant tous une vitesse d'éjection de 2 900 m/s et devant créer au total une vitesse de 11 500 m/s. Chaque étage devra créer une vitesse de 3 800 m/s, ce qui exigera un rapport de masse de 3,8. Avec un « indice de structure » de 10 % (rapport : masse de la structure/masse des propergols), la répartition des masses dans chaque étage sera la suivante : propergols 73 % ; structure 7 % ; charge utile 20 %. Naturellement, la charge utile du premier étage comprend le second et le troisième, et celle du second encore le troisième. La charge utile finale représentera 20 % × 20 % × 20 % de la masse initiale, soit 0,8 %. Il faudra ainsi une fusée de 125 t pour envoyer 1 t vers l'orbite géostationnaire. Ou une fusée de 212 t pour lancer 1 750 kg dans les mêmes conditions, comme le fait Ariane. Nous ne sommes pas loin du compte : Ariane pèse 210 t au décollage.

210 t au départ − 1,7 t à l'arrivée

Comme dans l'exemple simple que nous venons de considérer, les trois étages d'Ariane ont des rapports de masse voisins : 3,4 pour le premier ; 3,2 pour le second ; 3,5 pour le troisième. En revanche, ils n'ont pas tous la même vitesse d'éjection. Les deux premiers étages font appel aux mêmes propergols, l'U.D.M.H. et le tétraoxyde d'azote, mais comme nous l'avons souligné, le premier a une vitesse d'éjection (de 2 430 m/s à 2 750 m/s) inférieure à celle du second (2 890 m/s). Le premier étage est appelé L140, car il emporte environ 140 t de propergols liquides (en fait 147 t). Sa hauteur est de 18,4 m pour un diamètre de 3,8 m. Ses deux réservoirs constituent des structures autoporteuses en acier. Sa masse vide est de 14 t, ce qui correspond à un excellent indice de structure de 8,5 %. Cet étage fonctionne 146 s en créant une impulsion de 3 000 m/s environ. Le second étage est le L33 (33 t de propergols) qui utilise pour sa propulsion un seul moteur Viking 4 de 73 t de poussée. D'un diamètre plus petit que le L 140, avec 2,6 m seulement, pour une longueur de 11,6 m ; il est réalisé en aluminium. Sa masse à vide est de 3,5 t. Il développe sa poussée pendant 136 s, ce qui correspond à une impulsion de 3 300 m/s. Au total, les

Fig. 12. *Coupe de la fusée Ariane. Au total cette fusée mesure 47,8 m de haut, pour une masse au décollage de 210 t. Les propergols constituent 90 % environ de cette masse, les structures 9 %, et la charge utile un peu moins de 1 % (pour un lancement vers l'orbite géostationnaire).*

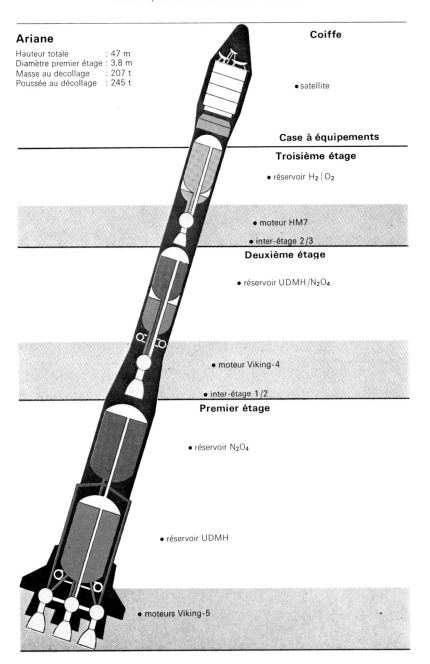

Ariane

Hauteur totale   : 47 m
Diamètre premier étage : 3,8 m
Masse au décollage   : 207 t
Poussée au décollage : 245 t

Coiffe

• satellite

Case à équipements

Troisième étage

• réservoir H_2 / O_2

• moteur HM7

• inter-étage 2/3

Deuxième étage

• réservoir $UDMH/N_2O_4$

• moteur Viking-4

• inter-étage 1/2

Premier étage

• réservoir N_2O_4

• réservoir UDMH

• moteurs Viking-5

deux premiers étages créent donc 6 300 m/s. Restent 5 200 m/s. Ils seront le travail du troisième étage.

Attention hydrogène

L'utilisation de l'hydrogène liquide comme combustible permet d'obtenir des vitesses d'éjection bien supérieures à celles accessibles avec tous les autres combustibles (tableau 5) : plus de 4 500 m/s avec le fluor comme oxydant, plus de 4 300 m/s avec l'oxygène liquide, contre 3 000 m/s environ pour la plupart des autres combinaisons de propergols. La raison de ces remarquables performances est double. D'une part, l'hydrogène est un réducteur très puissant, dont la réaction avec un oxydant libère une forte quantité de chaleur. D'autre part, l'hydrogène est l'atome le plus léger de la nature, et ses produits de combustion sont également des molécules légères ; or, plus les molécules éjectées sont légères, plus leur vitesse est grande. Actuellement, l'utilisation du couple fluor-hydrogène est pratiquement exclue à cause du caractère corrosif du fluor. En revanche, le couple oxygène liquide/hydrogène liquide est largement employé aux États-Unis : le second étage Centaur de la fusée Atlas-Centaur a fait appel à ces propergols dès 1962, suivi par les étages supérieurs des lanceurs géants Saturn et aujourd'hui par la navette spatiale.

Les problèmes posés par l'emploi de l'hydrogène liquide sont à la mesure des avantages que procure ce combustible. Le premier est celui de la température très basse à laquelle l'hydrogène est liquide : − 253 °C. Il s'agit d'un fluide cryogénique beaucoup plus « froid » que l'oxygène liquide. Sa conservation demande une isolation très poussée, qui alourdit les réservoirs. En outre, ceux-ci doivent être particulièrement volumineux car l'hydrogène liquide est 14 fois moins dense que l'eau : 1 kilogramme d'hydrogène liquide occupe 14 litres. Cette faible densité se traduit aussi par des débits volumiques très importants pour les turbopompes d'alimentation. Par ailleurs l'hydrogène est très « fugace » : il a tendance à s'enfuir par des orifices minuscules, ce qui ne facilite pas la solution des problèmes d'étanchéité et de sécurité.

Étage cryogénique H8 et moteur HM7

Le troisième étage de la fusée Ariane est appelé H8 : H pour hydrogène et 8 pour les huit tonnes de propergols contenues dans les réservoirs. Ces derniers, en alliage d'aluminium, ont un fond commun intermédiaire à double paroi sous vide. Le réservoir d'hydrogène liquide est doté d'une isolation extérieure spéciale en « Klegecell ». Le diamètre est le même que celui du second étage, 2,6 m et la hauteur est de 9 m. Le moteur HM7 est alimenté par deux turbopompes. Avant de pénétrer dans la chambre de combustion, l'hydrogène circule autour de celle-ci et de la tuyère afin de les refroidir. La tuyère est en forme de coquetier. La pression dans la chambre de combustion est de 30 atmosphères, et la vitesse d'éjection de 4 300 m/s. Avec un débit de propergols de 14,4 kg/s, la poussée atteint 6 t. L'étage H8 fonctionne près de 10 minutes (570 s exactement). Son rapport de masse est voisin de 3,5, ce qui lui permet de créer l'impulsion voulue de 5 200 m/s.

Le gain de performance apporté par l'hydrogène est considérable. Avec un troisième étage brûlant de l'U.D.M.H. et du tétraoxyde d'azote, le rapport de masse devrait être de 6,6 et la charge utile sur orbite de transfert serait réduite de plus de moitié.

Dans ces conditions, on peut s'interroger : pourquoi ne pas utiliser aussi l'hydrogène sur les étages inférieurs d'Ariane ? La raison essentielle réside dans la philosophie qui a présidé à la construction de cette fusée : faire appel à des technologies éprouvées, pour réaliser un lanceur simple, fiable et économique. La maîtrise de l'hydrogène à l'échelle du petit étage H8 est une chose. La réalisation d'un étage cryogénique de fortes masse et poussée en est une autre. Cela étant, on peut remarquer que Ariane est, en dehors des États-Unis, le seul lanceur opérationnel utilisant l'hydrogène liquide. Les Soviétiques, en dépit de leur très important programme spatial, ne mettent pas en œuvre cet extraordinaire combustible.

Précision : 5 m/s sur 10 000 m/s

La partie supérieure de l'étage H8 est occupée par un élément très important du lanceur : la case à équipements, qui est le véritable « cerveau » du véhicule. Sous sa masse de 395 kg, elle rassemble les organes de commande et de contrôle du fonctionnement des trois étages, ainsi que les émetteurs transmettant des données sur ce fonctionnement (des « télémesures »), et d'autres émetteurs dont les signaux servent à déterminer précisément la trajectoire suivie par la fusée (émissions de localisation). C'est également la case à équipe-

Fig. 13. *Fixée au sommet du troisième étage, la « case à équipements » est le « cerveau » du lanceur. D'une masse de 325 kg, elle rassemble autour d'un calculateur de bord tous les équipements nécessaires au guidage de la fusée et aux émissions de localisation et de télémesures.*

ments qui reçoit éventuellement et fait exécuter l'ordre d'autodestruction du véhicule, donné si celui-ci s'écarte dangereusement de la trajectoire prévue. Cet ordre de destruction est envoyé par le service de « sauvegarde » du centre de lancement.

Les deux principaux organes de la case à équipements sont un calculateur numérique et une « centrale inertielle ». Le calculateur numérique possède au départ en mémoire le « programme du vol », autrement dit la succession des opérations qui devront être accomplies automatiquement par le lanceur. Par ailleurs, il calcule les manœuvres de guidage à effectuer pour maintenir la fusée au plus près de la trajectoire prévue. Les informations nécessaires à ces calculs sont justement fournies par la « centrale inertielle », qui, équipée de gyroscopes et d'accéléromètres, mesure à tout instant l'orientation précise et l'accélération du lanceur. Les ordres de guidage sont exécutés soit par une orientation des moteurs-fusées principaux, soit par la mise en route de petits propulseurs auxiliaires de contrôle d'attitude. Lorsque la vitesse finale voulue est atteinte, le calculateur donne l'ordre d'arrêt du fonctionnement du troisième étage. La précision est d'environ 5 m/s, sur une vitesse totale de 10 250 m/s. Elle a donc la valeur relative remarquable de 0,05 %. L'altitude visée (environ 200 km) est obtenue à 1 km près, et l'apogée de l'orbite de transfert, sur laquelle est injectée la charge utile, est de 35 800 km à 100 km près.

La trajectoire d'Ariane s'étend sur plus de 4 000 km. D'abord presque verticale, de manière que la fusée traverse le plus vite possible les couches denses de l'atmosphère, cette trajectoire s'incline ensuite pour devenir parallèle à la surface terrestre.

Une dernière partie de la fusée surmonte la case à équipements : la charge utile, qu'enveloppe une coque protectrice, la coiffe.

Fig. 14. *La « coiffe » protège la charge utile pendant la montée à travers les couches denses de l'atmosphère. Elle est larguée à 110 km d'altitude, par l'action d'un dispositif pyrotechnique qui l'ouvre en deux moitiés dans le sens de la longueur. La photographie montre un essai au sol d'ouverture de la coiffe.*

Kourou, centre de lancement idéal

Construite en Europe, Ariane est lancée depuis le Centre spatial guyannais (C.S.G.), à Kourou. Pourquoi ce choix d'un site aussi lointain que la Guyane française ? La raison en est que le continent européen, avec sa latitude élevée, son manque de côtes orientées à l'est, sa population dense, n'offre pas de sites favorables à des tirs spatiaux. La situation de Kourou est en revanche idéale. L'avantage essentiel est la latitude presque équatoriale : le C.S.G. se trouve par 5,23 °N, à moins de 600 km de l'équateur. Cet avantage se traduit par un appréciable « coup de pouce » bénéficiant à toute fusée tirée vers l'est : 465 m/s (1 670 km/h), c'est-à-dire la vitesse de rotation de la Terre au niveau de l'équateur. Sur les 10 250 m/s que doit atteindre Ariane pour une satellisation en orbite de transfert, près de 5 % sont ainsi fournis « gratuitement » par le mouvement propre de la Terre[*]. Au niveau de cap Canaveral, par une latitude de 28,5 °N, cet appoint est réduit à 400 m/s. Et à Baïkonour, le principal cosmodrome soviétique, par 45,6 °N, il ne vaut plus que 320 m/s.

Ce coup de pouce gratuit joue pleinement pour les lancements vers l'orbite géostationnaire, qui sont effectués vers l'est. Mais dans ce cas, la situation quasi équatoriale de Kourou présente un second intérêt encore plus important : le point de départ se trouve pratiquement dans le plan de l'orbite géostationnaire ; le lancement est ainsi le plus économique possible. Pour lancer un satellite géostationnaire de 1 t depuis Kourou, il faut commencer par placer 1 700 kg sur l'orbite de transfert. Pour effectuer la même opération depuis cap Canaveral, c'est 2 000 kg que l'on doit insérer sur l'orbite de transfert. Et depuis Baïkonour, plus de 3 000 kg.

Orbite géostationnaire et orbite héliosynchrone

Indépendamment de sa position équatoriale, le C.S.G. a l'avantage d'être situé sur une côte orientée légèrement nord-est.

---

[*] Cet appoint a été pris en compte pour l'évacuation faite précédemment de la vitesse effective que doivent créer les étages d'Ariane, à savoir 11 500 m/s environ.

Fig. 15. *Le lanceur Ariane subit son assemblage final (son « intégration ») à l'établissements des Mureaux, près de Paris, de la Société nationale des Industries aérospatiales (S.N.I.A.S.).*

De ce fait, qu'un tir soit effectué vers l'est (azimut 0°) ou vers le nord (azimut 90°), la fusée survolera la mer sur toute sa trajectoire, ce qui ne posera aucun problème de sécurité. En fait, la gamme des azimuts de lancements possibles depuis Kourou va de − 10,5° (tir légèrement vers le sud) à + 103,5° (tir légèrement vers le nord-ouest). Le C.S.G. est ainsi le seul centre de lancement spatial au monde d'où il soit possible de viser les deux trajectoires les plus intéressantes pour les satellites d'application : l'orbite géostationnaire d'une part ; l'orbite « héliosynchrone » d'autre part.

Celle-ci est la trajectoire idéale des satellites d'observation de la Terre. Elle est inclinée à 103° sur l'équateur, à une altitude d'environ 800 km. Du fait d'une légère dissymétrie du globe terrestre, son plan tourne de 1° par jour autour de l'axe des pôles, c'est-à-dire du même angle que la direction du Soleil. Un satellite « héliosynchrone » survolera ainsi tous les jours les mêmes régions de la Terre à la même heure. Cela facilitera l'interprétation de ses photographies.

De E.L.A.1 à E.L.A.2

La partie essentielle du C.S.G. est l' « Ensemble de Lancement Ariane », ou E.L.A., où sont érigées et tirées les fusées de ce type. L'intégration du lanceur et de sa charge utile est effectuée directement sur la « table de lancement », à l'intérieur d'une tour de mon-

Fig. 16. *Organisation de l'ensemble de lancement Ariane (E.L.A.) sur le Centre spatial guyannais (C.S.G.) de Kourou, en Guyane française. La partie centrale est la plate-forme de lancement qui s'étend de la rampe d'accès (R) à la table de lancement sur laquelle est érigée la fusée (F). La tour de montage (T) peut se déplacer sur la plate-forme de lancement pour venir recouvrir la fusée (F). Sur ce dessin, elle occupe la position en retrait qui est la sienne au moment d'un tir. La fusée restera connectée aux installations au sol, jusqu'à la dernière seconde, par le mât ombilical (M). Lors du départ, le jet des moteurs-fusées est reçu par des déflecteurs en béton réfractaire situés sous la table de lancement et canalisé par les deux canneaux (J). La préparation du tir est contrôlée depuis le Centre de Lancement (P.C.), un ouvrage circulaire fortement blindé et enterré, situé à 200 m de la fusée. Dans une large zone autour de la plate-forme de lancement sont stockés les différents fluides nécessaires à l'opération : en (PA) le tetraoxyde d'azote (comburant premier et deuxième étages) ; en (U) l'U.D.M.H. (combustible premier et deuxième étages) ; en (LOX) l'oxygène liquide (comburant troisième étage) ; en (LH2) l'hydrogène liquide (combustible troisième étage) ; en (A) l'azote et en (H) l'hélium (pour la pressurisation des réservoirs) ; en*

(E) l'eau. On note encore la présence d'un bâtiment de bureaux (B), d'une centrale de climatisation de la tour de montage et de locaux (C), et d'un « mât météo » (W). Cet ensemble peut assurer le lancement de 5 à 6 fusées Ariane par an. La plupart de ces installations sont très reconnaissables sur la photographie de l'ensemble E.L.A.

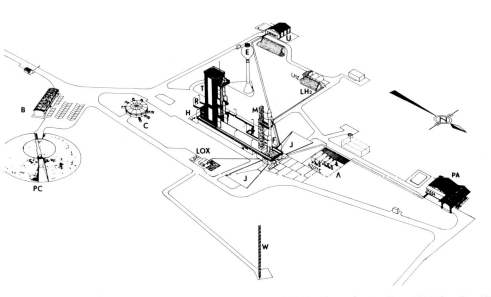

tage mobile, qui se retire avant le départ. L'ensemble des opérations dure environ deux mois, pendant lesquels un seul lancement peut être préparé. Cela limite le nombre de tirs possibles à cinq ou six par an. Pour répondre à une demande qui promet d'être nettement supérieure (voir chapitre 1), un second ensemble de lancement va être construit à Kourou pour les fusées Ariane. Baptisé E.L.A.2, il est conçu d'une manière très différente d'E.L.A.1. Le lanceur et sa charge utile seront assemblés dans un hall de montage fixe, sur une table de lancement mobile. Deux semaines environ avant le tir, cette table, surmontée de la fusée complète, sera transportée à 1 km de distance, au site de lancement. L'opération sera délicate : la table se déplacera lentement sur une double voie ferrée. Cette procédure est celle qu'ont retenue les Américains pour l'exploitation des fusées Saturn d'abord, et de la navette spatiale ensuite. Elle a l'avantage de réduire au minimum l'occupation du site de lancement. Si l'on dispose de plusieurs halls d'assemblage, il est possible d'y préparer en parallèle plusieurs fusées, et de lancer celles-ci successivement depuis le même site. Au départ, E.L.A.2 ne comptera qu'un seul hall d'assemblage. S'ajoutant à E.L.A.1, il permettra de porter à dix par an la cadence des tirs. Ultérieurement E.L.A.2 pourrait être équipé de deux halls d'assemblage.

Les filles d'Ariane

L'ensemble E.L.A.2 aura un autre intérêt : il sera adapté au lancement de la version très améliorée Ariane 4. Le site E.L.A.1 en revanche ne pourra procéder qu'aux tirs des versions précédentes Ariane 1, 2 et 3. Le modèle Ariane 4 disposera d'un premier étage très allongé, dont les réservoirs emporteront 195 t de propergols (fig. 17 et tableau 7). Sa masse au décollage dépassera 250 t. Pour pouvoir soulever le poids correspondant, la poussée au décollage devra être fortement augmentée. Ce résultat sera obtenu en ajoutant des propulseurs auxiliaires : 2 à 4 « boosters * » à propergols solides ou liquides pourront être accolés au premier étage. Les

---

* Le mot « booster » signifie littéralement « pousseur », pour « pousser » la fusée au départ. On le traduit généralement par les expressions « propulseur auxiliaire », « propulseur d'appoint », ou encore « accélérateur de décollage ».

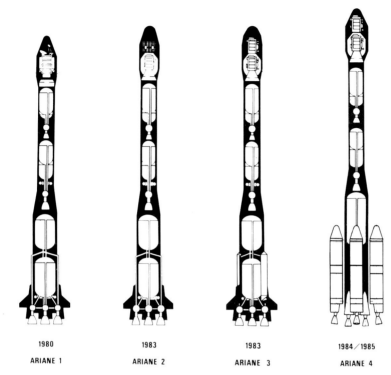

Fig. 17. *La fusée Ariane doit connaître des améliorations successives afin d'améliorer sa compétitivité vis-à-vis de la navette spatiale américaine. La première de ces améliorations conduit à la version Ariane-3 disponible dès 1983. La modification principale porte sur le troisième étage qui est allongé de 1,3 m et emporte 2 t de propergols supplémentaires, et sur l'adjonction de deux propulseurs d'appoint à propergols solides (des « boosters ») qui fournissent chacun 70 t de poussée au décollage. La poussée des moteurs Viking des deux premiers étages est d'autre part accrue de 9 % par élévation de la pression de combustion, qui passe de 54 à 58 atmosphères. La version Ariane-2 est simplement une version Ariane-3 sans « boosters ».*

Le modèle Ariane-4, qui sera introduit en 1985, diffère de la version Ariane-3 par un premier étage plus lourd : cet étage est appelé L200, car il emporte près de 200 t de propergols (soit 50 t de plus que le premier étage d'Ariane-3). Ariane-4 existera en plusieurs versions qui différeront par le nombre et la nature des propulseurs d'appoint accolés au premier étage : 2 ou 4 accélérateurs à poudre P8 (8 t de poudre), ou bien 2 ou 4 accélérateurs à propergols liquides L40 (40 t de propergols), ou bien encore 2 P8 et 2 L40. De cette manière, la charge utile sur orbite de transfert pourra être ajustée entre 2 t et 4,3 t.

« boosters » à propergols solides sont appelés P8, car ils contiennent 8 t de poudre ; ils développent 70 t de poussée chacun pendant 20 s. Les accélérateurs à propergols liquides sont beaucoup plus importants et fonctionnent nettement plus longtemps : ce sont des L40 (40 t de propergols) équipés chacun d'un moteur Viking. Dans sa version la plus lourde, avec 4 accélérateurs L40, Ariane 4 pèsera 430 t au départ, et fournira 560 t de poussée. La capacité de transport, avec 4,3 t sur orbite de transfert, sera plus que doublée (tableau 7), pendant que le prix du kilogramme satellisé sera réduit de 60 %. En jouant sur le nombre et la nature des « boosters », il sera possible d'offrir à un client une charge utile bien adaptée à ses besoins, dans la gamme de 2 t à 4 t satellisées sur orbite de transfert. Un service à la carte, en quelque sorte.

Les malheurs de l'E.L.D.O.

Lorsque fut prise la décision de construire Ariane, en 1973, les chances du lanceur européen paraissaient bien faibles à beaucoup d'observateurs. D'une part, les États-Unis étaient à l'apogée de leur puissance spatiale et leur future navette promettait de supplanter toutes les fusées classiques. D'autre part, l'Europe ne s'était pas illustrée de brillante manière dans un précédent programme de lanceur lourd : le projet Europa.

Les fusées Europa ont été construites dans le cadre d'une organisation européenne, le C.E.C.L.E.S. (Centre européen pour la Construction de Lanceurs d'Engins spatiaux), plus connu sous son

Tableau 7 : Performances comparées des fusées de la filière Ariane. Les années indiquées sont celles des mises en service du modèle. La charge utile maximum est obtenue pour une orbite basse de 200 km d'altitude située pratiquement dans le plan équatorial. L'orbite polaire à 800 km d'altitude est représentative des trajectoires des satellites d'étude des ressources terrestres. L'orbite de transfert vers l'orbite géostationnaire est commercialement la plus importante pour les fusées Ariane, car c'est l'objectif de tous les lancements de satellites de télécommunications. La charge utile correspondante sur orbite géostationnaire est indiquée entre parenthèses car la satellisation proprement dite sur cette orbite n'est pas effectuée par le lanceur, mais par le « moteur d'apogée » de la charge utile.

---

* Version la plus puissante Ariane 44 L.

	ARIANE-1 (1979)	ARIANE-2 (1983)	ARIANE-3 (1983)	ARIANE-4 * (1985)
Premier étage				
Modèle	L140	L140	L140	L 200
Longueur	18,4 m	18,4 m	18,4 m	21,4 m
Masse de				
propergols	145 t	145 t	145 t	195 t
Moteurs-fusées	4 viking V	4 viking V	4 viking V	4 viking V
Poussée ou				
départ	248 t	264 t	400 t	560 t
Propulseurs				4 boosters
d'appoint	0	0	2 boosters P7	L 40
Second étage				
Modèle	L33	L 33	L 33	L 33
Longueur	11,7 m	11,7 m	11,7 m	11,7 m
Masse de				
propergols	34 t	34 t	34 t	34 t
Moteurs-fusées	1 viking IV	1 viking IV	1 viking IV	1 viking IV
Poussée	72 t	78 t	78 t	78 t
Troisième étage				
Modèle	H8	H 10	H10	H 10
Longueur	8,9 m	10,2 m	10,2 m	10,2 m
Masse de				
propergols	8 t	10 t	10 t	10t
Moteur-fusée	1 HM7	1 HM7	1 HM7	1 HM7
Poussée	6 t	6,1 t	6,1 t	6,1 t
Coiffe				
Diamètre	3,2 m	3,2 m		4 m
Hauteur	8,6 m	9,2 m		de 9,6 m
Volume	36 m³	41 m³		à 13,1 m
Charge utile				
Orbite équat.				
200 km	4 900 kg	5 000 kg	6 000 kg	9 000 kg
Orbite polaire	2 400 kg	2 800 kg	3 250 kg	4 900 kg
800 km				
Orbite de				
transfert	1 750 kg	2 000 kg	2 400 kg	4 300 kg
(Orbite géosta-				
tionnaire)	(1 000 kg)	(1 150 kg)	(1 350 kg)	(2 500 kg)

sigle anglais — E.L.D.O. —, créé entre 1962 et 1964 pour réaliser une fusée porteuse de satellites scientifiques lourds. Ceux-ci devaient être construits par un autre organisme, le C.E.R.S. (Centre européen de Recherche spatiale), de sigle anglais E.S.R.O. En théorie, le projet initial de l'E.L.D.O. était simple : réaliser un lanceur avec un premier étage anglais, dérivé du missile Blue-Streak ; un second étage français, Coralie ; un troisième étage allemand, Astris ; et une case à équipements italienne. Ce programme Europa-I, destiné à placer des satellites sur orbite basse, fut modifié en 1968 lorsqu'il s'avéra que l'objectif important était plutôt l'orbite géostationnaire. Ainsi naquit le projet Europa-II : une fusée Europa-I surmontée d'un étage de périgée et d'un étage d'apogée et capable de lancer des satellites de télécommunications géostationnaires de 250 kg. Malheureusement, les quatre tentatives de mise sur orbite effectuées entre 1968 et 1971 avec des fusées Europa échouèrent. Ces difficultés techniques, s'ajoutant à des problèmes politiques, amenèrent le naufrage de l'E.L.D.O. en 1972.

Le succès de la filière Diamant

La crise résultant des péripéties de l'E.L.D.O. eut des conséquences bénéfiques sur le plan de la politique spatiale européenne : formation à partir de l'E.S.R.O., et des restes de l'E.L.D.O., d'une unique Agence spatiale européenne (E.S.A.) ; mise en route des projets du lanceur Ariane et du laboratoire scientifique Spacelab. Ces décisions furent prises au milieu de 1973. Le programme Ariane était en fait une variante francisée et simplifiée d'un projet étudié depuis plusieurs années dans le cadre de l'E.L.D.O. : le lanceur Europa-III. Quant au projet Spacelab, il constituait la participation européenne au programme américain de navette spatiale (voir chapitre 5) et était financé en majorité par l'Allemagne fédérale.

Les échecs répétés d'Europa laissaient mal augurer du programme Ariane. Mais en fait, la situation de l'Europe dans le domaine du lancement spatial était beaucoup moins mauvaise qu'il n'y paraissait. D'une part, les travaux entrepris par l'E.L.D.O., aussi décriés soient-ils, avaient permis d'acquérir un savoir-faire technologique important dans le domaine de la propulsion. C'est ainsi que le second étage, Coralie, fut un banc d'essai pour la réalisation de moteurs-fusées brûlant du tétraoxyde d'azote et de l'U.D.M.H., c'est-à-dire précisément les propergols des propulseurs Viking. C'est ainsi également que les études Europa-III ont permis de soutenir les recherches sur la propulsion à hydrogène liquide. D'autre part, la France possédait une importante expérience des moteurs-fusées à propergols liquides et solides, du fait du développement de ses missiles balistiques, et de son programme spatial national. Entre 1965 et 1975, onze lancements de satellites scientifiques légers ont été effectués avec des fusées de la filière Diamant, dont neuf avec succès. En outre, il convient d'ajouter que les recherches sur la propulsion à hydrogène liquide ont commencé en France dès 1960.

Les leçons d'Europa

L'expérience malheureuse de l'E.L.D.O. n'a pas été seulement profitable sur le plan technique. Elle l'a aussi été sur le plan de l'organisation. Pour la construction des fusées Europa, il n'y avait pas de véritable maître-d'œuvre : chaque État participant dirigeait directement la réalisation des équipements dont il était responsable. Résultat : les étages construits sous le contrôle de différents pays n'ont jamais été vraiment compatibles. C'est là, sans doute, le péché originel de l'E.L.D.O. La leçon a été retenue. Tout en étant un programme de l'E.S.A., auquel participent dix pays, le développement d'Ariane est dirigé par un seul maître-d'œuvre : le Centre national d'Études spatiales (C.N.E.S.) français, avec un architecte industriel également français, la Société nationale des Industries aérospatiales (S.N.I.A.S.)

III

DE KALOUGA À LA LUNE

1881-1981. Un siècle exactement sépare deux événements sans aucun rapport apparent : les lancements d'Ariane LO3 et de la navette ; l'arrivée d'un nouveau professeur de physique dans un petit village de Russie, Kalouga. Pourtant, c'est dans ce village, du fait de ce professeur, qu'a commencé l'aventure des fusées spatiales, dont Ariane et la navette sont les représentants les plus récents.

Les cinq époques des fusées
Cette aventure de cent ans comprend cinq époques principales. La première est celle des pionniers, des précurseurs isolés, voire marginaux : le professeur russe de Kalouga, Constantin Tsiolkovsky, l'ingénieur américain Robert Goddard, l'Allemand d'origine hongroise Hermann Oberth, et leurs émules, qui lancèrent avant 1937 les premières petites fusées à propergols liquides. La seconde époque est allemande : c'est le développement, sous la direction technique de Wernher von Braun, de la première grande fusée moderne, la V-2. Elle s'achève en 1945 avec la défaite du Troisième Reich. Lui succède alors, en Union soviétique et aux États-Unis, la course aux missiles à longue portée, qui conduira à des progrès qualitatifs et quantitatifs considérables par rapport à la V-2, et autorisera le lancement de véhicules spatiaux. Cette troisième époque est fondamentale car elle a vu la création de la plupart des lanceurs de satellites en service aujourd'hui. La quatrième époque est presque une parenthèse dans le développement normal

des moyens de lancement spatiaux : c'est la construction des fusées géantes Saturn du programme lunaire Apollo, qui couvre les années 1960. La cinquième époque, enfin, est la réalisation des lanceurs du nouveau transport spatial, Ariane et la navette (et aussi les fusées japonaises N-2 et H-1 que nous décrirons dans le chapitre 4). Elle s'étendra probablement jusqu'en l'an 2000, avec une amélioration continue des moyens de lancement en concurrence.

Tsiolkovsky et la propulsion par réaction

Deux ans après son installation à Kalouga, Constantin Tsiolkovsky (1857-1935) inscrit dans son journal l'idée fondamentale qui est à la base de l'astronautique : c'est la propulsion par réaction qui doit permettre l'accès à l'espace. En fait, ni la propulsion par réaction, ni le voyage dans le cosmos n'étaient des idées nouvelles. Les petites fusées « à poudre » étaient connues en Chine et en Europe depuis des siècles, pour des applications ludiques (feux d'artifice) ou militaires (bombardement). Quant aux périples spatiaux, ils faisaient l'objet de récits fantasmagoriques depuis l'Antiquité. Jamais, cependant, les voyages au-delà de l'atmosphère n'avaient été associés clairement à leur seule possibilité technique : la propulsion par fusée. C'est le génie de Tsiolkovsky d'avoir procédé à cette association. En outre, le modeste professeur de Kalouga développa le concept de la fusée à propergols liquides, offrant des performances bien meilleures que les fusées à poudre de l'époque. Il préconisa même l'emploi du couple de propergols oxygène liquide/hydrogène liquide, qui est à la base des capacités de lancement élevées d'Ariane et de la navette. Sur le plan mathématique, Tsiolkovsky démontra la fameuse loi « du rapport de masse » (voir chapitre 2) qui permet de calculer la vitesse créée par une fusée, et établit la théorie des lanceurs à plusieurs étages, nécessaires à la réalisation de vols spatiaux. Cela étant, le grand précurseur soviétique fut davantage un visionnaire de l'astronautique qu'un technicien des fusées. Il écrivit sur les satellites artificiels, les stations orbitales, les colonies spatiales, les voyages interplanétaires, mais ne chercha pas à réaliser des propulseurs expérimentaux. L'importance de ses idées fut reconnue par le nouveau pouvoir soviétique, qui le nomma académicien dès 1918.

Le génie technique méconnu de Goddard

Aux États-Unis, en revanche, le pionnier Robert Goddard (1882-1945) consacra tous ses efforts à la solution des problèmes pratiques posés par les moteurs-fusées à propergols liquides. Professeur à l'Université Clark de Worcester (Massachusetts), il effectua un extraordinaire travail solitaire, sans pratiquement aucun soutien des pouvoirs publics américains. Après un riche travail théorique, qui s'était traduit en 1919 par la publication d'un ouvrage fondamental *(Une méthode pour atteindre une altitude extrême)*, il réalisa et lança le 16 mars 1926 la première fusée à propergols liquides du

Fig. 18. *L'Américain Robert Goddard a lancé le 16 mars 1926, à Auborn (Massachusetts) la première fusée à propergols liquides du monde, qui fonctionna 2,5 s, en brûlant de l'oxygène liquide et de l'essence. L'altitude atteinte fut de 12,5 m, et la vitesse de 96 km/h.*

monde. Certes, à l'échelle des lanceurs actuels il s'agissait presque d'un jouet, qui ne parcourut que 56 m. Mais une étape importante était franchie. Par la suite, Goddard étudia expérimentalement la plupart des questions essentielles sur les propulseurs à propergols liquides : allumage du moteur et établissement de la poussée ; alimentation par turbopompes ; refroidissement de la chambre de combustion par circulation du combustible dans une double paroi ; pilotage de la fusée grâce aux informations d'une plate-forme inertielle équipée de gyroscopes. Entre 1930 et 1940, Goddard réalisa des propulseurs d'une poussée atteignant 300 kg, avec une vitesse d'éjection de l'ordre de 2 000 m/s. Il déposa plus de 200 brevets.

Von Braun et l'effort allemand

Grâce aux réalisations de Goddard, les États-Unis auraient probablement pu construire pendant la seconde guerre mondiale des missiles balistiques, c'est-à-dire des fusées capables d'envoyer une charge explosive à grande distance (quelques centaines de kilomètres avec les techniques de l'époque). Mais les militaires américains laissèrent de côté cette possibilité, dont les bénéfices stratégiques auraient d'ailleurs été bien réduits avant l'avènement de la bombe atomique.

L'armée allemande, en revanche, s'intéressa très tôt aux fusées. Elle suivit, au début des années 1930, les travaux entrepris par quelques passionnés sous l'impulsion du troisième grand précurseur de l'astronautique, Hermann Oberth, né en 1894. Celui-ci était davantage un théoricien comme Tsiolkovsky qu'un praticien comme Goddard. Mais, dans le cadre de la « Société pour les voyages spatiaux » (VfR pour *Verein für Raumschiffart*), il rassembla de jeunes ingénieurs qui l'aidèrent à mettre en pratique ses idées sur la propulsion à propergols liquides *. Parmi ces ingénieurs se trouvait Wernher von Braun (1912-1976) qui fut invité en 1932 à poursuivre ses travaux au centre militaire de Kummersdorf, au sud de Berlin, sous la direction administrative du capitaine Walter Dornberger. En 1937, les résultats obtenus étaient comparables à ceux de Goddard : niveau de poussée de l'ordre de 300 kg, vitesse

---

* La première fusée à propergols liquides de la VfR fut lancée le 14 mai 1931. Mais elle avait été précédée par une réalisation d'un ingénieur allemand indépendant, Johannes Winkler, deux mois auparavant.

d'éjection d'environ 2 000 m/s, fusée s'élevant verticalement à quelques kilomètres d'altitude. Il s'agissait manifestement du stade que pouvaient atteindre des techniciens compétents et décidés en quelques années de travail, avec des moyens relativement modestes. Mais pour aller plus loin, pour réaliser un véritable missile, un énorme programme de recherche et de développement était nécessaire. Il allait être entrepris dans un nouveau centre, propice aux essais discrets de missiles : Peenemünde, sur les bords de la mer Baltique, où se déroula la seconde époque de l'histoire des fusées.

La V-2 première fusée moderne

La construction de la base de Peenemünde avait été décidée lorsque Walter Dornberger avait convaincu l'État-Major allemand de la possibilité et de l'intérêt, de la réalisation d'un missile capable de transporter une bombe de 1 t à 300 km. Le pas technologique à franchir était gigantesque. Il le fut en deux temps. Le premier fut le développement de la fusée A-3, rebaptisée A-5 par la suite : longue de 7 m, l'A-5 pesait 750 kg, produisait 1 600 kg de poussée, et emportait une petite charge utile d'instruments récupérable par parachute ; elle fonctionna avec succès en 1939.

Le second temps fut la construction de la fusée A-4, plus connue sous le nom de V-2 (*Vergeltungswaffe Zwei,* arme de la revanche n° 2). Haute de 13 m, pesant 12 t, la V-2 devait atteindre une vitesse de 5 800 km/h, et culminer à 85 km d'altitude avant de plonger sur son objectif. Le développement de la V-2 souleva trois problèmes principaux : l'aérodynamisme d'un véhicule devant dépasser cinq fois la vitesse du son, à une époque où l'aéronautique était purement subsonique ; la réalisation d'un propulseur de 27 t de poussée, constituant un progrès de deux ordres de grandeur par rapport au stade atteint en 1937 ; et le guidage d'une fusée qui devait atteindre son objectif à quelques kilomètres près.

Un propulseur de 27 t de poussée

Le problème aérodynamique fut résolu grâce à l'utilisation de la première soufflerie supersonique, construite spécialement à Peenemünde. Le propulseur fut le fruit des travaux d'un ingénieur nommé Thiel. Il possédait non seulement une poussée très élevée, – près de la moitié de celle d'un Viking d'Ariane –, mais déjà les caractéristiques des moteurs-fusées modernes : circulation du combustible dans la double paroi de la chambre de combustion ; utilisation de turbopompes pour envoyer les propergols dans celle-ci. Le moteur de la V-2 consommait de l'éthanol comme combustible et de l'oxygène comme comburant. La pression de combustion était de 16 atmosphères, et la vitesse d'éjection atteignait 2 140 m/s. Le système de guidage constituait un défi technique tout aussi difficile. Il nécessita la mise au point d'une plate-forme inertielle couplée à un calculateur analogique. Pour exécuter les ordres de guidage du calculateur, la fusée devait modifier la direction de sa poussée ; cet effet était obtenu en défléchissant le jet sortant de la tuyère au moyen de quatre vannes en graphite.

On a peine à croire qu'un tel projet ait pu être mené à bien en cinq ans seulement. Pourtant, il en est bien ainsi : le 3 octobre 1942, à son troisième essai, la V-2 connut le succès. Cette percée technologique fut suivie d'un immense effort industriel : plus de 4 300 V-2 furent produites, et tirées sur l'Angleterre entre septembre 1944 et mars 1945. Mais cet effort fut vain : la V-2 était à l'époque beaucoup moins destructrice qu'une flotte de bombardiers. Le véritable temps des missiles ne devait venir qu'avec l'apparition des explosifs nucléaires.

L'héritage de Peenemünde

Dans les pays alliés contre l'Allemagne nazie, la nature de l'arme secrète qui bombardait silencieusement l'Angleterre avait été découverte avant la fin du second conflit mondial. Les installations de Peenemünde, associées à juste raison à cette arme, avaient été la cible d'un raid aérien le 17 août 1944, entraînant le transfert de la plus grande partie du matériel, du personnel et des archives dans les montagnes du Harz, où s'organisait la production du missile dans des usines souterraines.

Lorsque le territoire allemand fut occupé, la recherche des informations sur la V-2 fut l'une des tâches prioritaires des forces américaines, anglaises, françaises et soviétiques. Les États-Unis s'approprièrent la part la plus importante de l'héritage de Peene-

Fig. 19. *Le missile allemand V-2 a été la première véritable fusée moderne. Après la guerre, il a été étudié, modifié et utilisé largement aux U.S.A. et en U.R.S.S. Cette photographie montre au premier plan la fusée sonde soviétique V-2 A, en service entre 1957 et 1959, qui descend directement de la V-2 allemande.*

münde : 127 des meilleurs spécialistes allemands, dont Von Braun, furent invités à se rendre de l'autre côté de l'Atlantique, avec suffisamment de matériel pour reconstituer une centaine de V-2. Les Soviétiques récupérèrent également de nombreuses V-2 incomplètes, ainsi que du personnel, mais aucun spécialiste du plus haut niveau. Quelques ingénieurs allemands vinrent aussi travailler en France.

La remarquable technologie allemande des fusées fut rapidement assimilée aux États-Unis comme en U.R.S.S. La première V-2 « américaine » fut lancée le 14 mars 1946 à White-Sands. Le tir de la première V-2 « soviétique » eut lieu le 18 octobre 1947 à Kapustin-Yar, sur les bords de la Volga. Aux États-Unis, de nombreux spécialistes allemands, avec Von Braun à leur tête, restèrent associés aux développements ultérieurs. En Union soviétique, en revanche, les ingénieurs allemands furent très vite écartés des nouveaux programmes, et rapatriés.

Les innovations de Karel Bossart

En dépit de la très forte personnalité de Von Braun, il serait inexact de croire que le développement des missiles aux États-Unis après 1945 a été essentiellement le fait des techniciens arrivés d'Allemagne. Certes, le génie de Goddard avait été ignoré, mais une équipe de jeunes ingénieurs de l'Institut de Technologie de Californie (le fameux « Caltech ») avait repris le flambeau de la propulsion par fusée au début des années 1940. Elle avait créé un laboratoire spécialisé, le *Jet Propulsion Laboratory* (le J.P.L., qui s'illustra plus tard dans l'exploration des planètes), et entrepris la construction d'un missile tactique, le Corporal. D'autre part, les ingénieurs de l'industrie américaine, en partant du niveau technique de la V-2, innovèrent très vite des solutions surclassant largement celles de Peenemünde. Il en est ainsi par exemple de Karel Bossart, un ingénieur d'origine belge, qui dirigea à partir de 1946 le projet MX-774 d'étude de missiles à longue portée. Karel Bossart fit accomplir un bond considérable à la technologie des structures de fusées : dans la V-2, les réservoirs de propergols étaient fixés à l'intérieur d'une coque porteuse, qui constituait la paroi extérieure du véhicule ; l'ingénieur américain proposa de faire de la paroi des réservoirs la structure même de la fusée, éliminant ainsi la coque extérieure. Le gain obtenu avec cette méthode peut être apprécié en comparant les

« indices de structure » (rapport : masse de la structure/masse des propergols) de la V-2 et du missile américain Atlas qui dérive du projet MX-774 : 45 % pour la V-2 ; 8 % seulement pour l'Atlas. C'est cet allégement considérable qui a permis d'accroître le « rapport de masse » des missiles, donc la vitesse et la portée de ceux-ci, en ouvrant la porte aux applications spatiales.

1955 : la maturité des moteurs-fusées

Une autre innovation importante de Karel Bossart fut le pilotage de la trajectoire du missile par orientation de l'ensemble du moteur-fusée. Cette technique, utilisée sur les trois étages d'Ariane, comme sur pratiquement tous les lanceurs américains, évite de recourir à des vannes placées dans le jet brûlant du propulseur (solution de la V-2) ou à des petits propulseurs latéraux annexes, appelés « moteurs verniers » (solution largement utilisée par les Soviétiques).

Parallèlement, les performances des moteurs-fusées progressaient considérablement. L'adoption de propergols plus énergétiques, comme le kérosène associé à l'oxygène liquide, était une première cause de ces progrès. Mais surtout, l'augmentation de l'efficacité des turbopompes et de la pression de combustion permettaient d'accroître la poussée et la vitesse d'éjection. En 1955, le moteur LR-89 (LR pour « Liquid Rocket ») construit pour l'Atlas travaillait sous une pression de 50 atmosphères, avec une vitesse d'éjection dans le vide de 2 800 m/s, et une poussée au sol de 68 t. Ces performances sont tout à fait comparables à celles des moteurs Viking d'Ariane, et l'on peut considérer que dès cette époque la propulsion à propergols liquides conventionnels avait atteint sa pleine maturité. Le moteur LR-89 est d'ailleurs devenu aux États-Unis le propulseur standard à oxygène liquide et kérosène, sous différentes versions : LR-79 pour le missile Thor, H-1 pour les fusées Saturn I et Saturn IB.

Un « étage et demi » pour Atlas

Le projet Atlas était le premier programme au monde de missile intercontinental — c'est-à-dire capable de franchir les océans grâce à une portée supérieure à 8 000 km. La vitesse nécessaire en fin de combustion : 7 200 m/s environ (26 000 km/h), était près de cinq fois plus élevée que celle atteinte par la V-2. Elle pouvait, naturellement, être créée par une fusée à plusieurs étages, mais Karel Bossart pensait que l'allumage à haute altitude des moteurs des étages supérieurs constituait un risque d'échec inacceptable pour un missile devant absolument atteindre sa cible (les Soviétiques, comme nous le verrons, partageaient ce même souci de fiabilité). Une solution originale fut donc élaborée : l'Atlas n'a qu'un seul étage, avec trois moteurs alimentés par les mêmes réservoirs ; après deux minutes et demie de fonctionnement, deux des trois moteurs sont éjectés, pour alléger la structure, augmenter le rapport de masse en fin de combustion, et permettre au véhicule d'atteindre la vitesse de 26 000 km/h. Les moteurs éjectés ne possèdent pas de réservoir propre et ne peuvent être considérés comme un étage à part entière. On les qualifie de « demi-étage », et l'Atlas est devenue la seule fusée de l'histoire à « un étage et demi ».

Forts de leurs bombardiers stratégiques, les États-Unis n'avaient pas, au début des années 1950, un besoin urgent de missiles à longue portée. Le projet Atlas ne devint prioritaire qu'en 1955, lorsqu'il s'avéra qu'une bombe thermonucléaire pourrait être miniaturisée suffisamment pour être transportée par un missile intercontinental de taille raisonnable. C'est alors seulement que les spécifications de l'Atlas furent figées : hauteur 30 m, masse 115 t, poussée au départ 162 t. Le premier tir réussi d'un missile Atlas eut lieu le 17 décembre 1957.

Les premiers efforts soviétiques

L'accélération du programme Atlas en 1955 avait une seconde origine : les informations sur les progrès en matière de missiles de l'Union soviétique. Pour l'U.R.S.S., qui ne disposait ni de bombardiers à très longue portée, ni de bases proches de l'adversaire potentiel, le missile intercontinental était une arme d'une importance vitale, dont la construction fut entreprise en 1953, peu après l'explosion de la première bombe thermonucléaire soviétique. Comme les États-Unis, l'U.R.S.S. disposait à la fin du second conflit mondial des bases techniques nationales suffisantes pour bénéficier

Fig. 20. *Le missile intercontinental Atlas développé entre 1950 et 1957 incorporait la plupart des innovations qui caractérisent les fusées contemporaines : réservoirs auto-porteurs très légers, moteurs à propergols liquides orientables, en particulier. L'Atlas est ici prête à lancer en 1962 une cabine habitée, Mercury.*

des acquis allemands et développer des missiles plus performants que la V-2. Ces bases avaient été acquises pendant les années 1930, dans le cadre du Laboratoire de Dynamique des Gaz (G.D.L.) de Leningrad, et des Groupes d'Étude de la Propulsion par Réaction (G.I.R.D.) de Moscou et de Leningrad, qui cherchaient à mettre en pratique les idées de Constantin Tsiolkovsky. Le groupe de Moscou lança la première fusée soviétique à propergols liquides, la G.I.R.D. R-09, le 17 août 1933. Un niveau technique comparable à celui des Allemands en 1937 fut atteint avant le début de la seconde guerre mondiale.

Le « fagot » de Serguei Korolev

Deux personnalités avaient émergé des efforts soviétiques des années 1930 : Serguei Korolev (1906-1966) et Valentin Glouchko (né en 1908). Le premier fut nommé en 1946 « Constructeur principal » (Directeur) du « Bureau de construction expérimentale » (Bureau d'études) chargé d'analyser la V-2 et de développer des missiles à longue portée. Valentin Glouchko, à la tête du G.D.L. de Leningrad, devait diriger la réalisation des propulseurs de ces missiles.

En 1953, c'est Korolev qui reçut la responsabilité de réaliser le premier missile intercontinental soviétique. Comme Karel Bossart aux U.S.A., il rechercha une solution permettant de mettre à feu tous les propulseurs du véhicule dès le décollage. La procédure retenue fut cependant légèrement différente de celle adoptée pour l'Atlas : les « boosters », au nombre de quatre, aidant au décollage de l'étage principal, possèdent chacun leurs propres réservoirs de propergols. Ces « boosters », en forme de cônes très allongés, constituent ainsi un véritable premier étage. Ils sont accolés à la base du second étage, qui est la partie principale du missile, et éjectés après deux minutes de fonctionnement. Au décollage, les boosters et le second étage sont mis à feu simultanément. Au total, on a ainsi un agrégat de cinq fusées (les quatre boosters et l'étage principal) qui

Fig. 21. *La première fusée intercontinentale soviétique est devenue la base du principal lanceur spatial de l'U.R.S.S. : le lanceur A (selon la classification américaine), qui a servi plus de 800 fois entre 1957 et 1980. Elle a lancé, en particulier, les Spoutnik, les Lunik, et tous les cosmonautes soviétiques. Elle est montrée ici le 9 avril 1980, dans sa version A-2, lançant le vaisseau Soyouz 35.*

s'élève sur la rampe de lancement, en constituant une structure que les spécialistes qualifient du terme évocateur de « fagot ».

Cet arrangement de deux étages fonctionnant « en parallèle » n'est pas optimal : lorsque l'étage principal prend son autonomie, ses réservoirs sont déjà partiellement vides. Mais il assure une grande sécurité de fonctionnement.

Analogue à l'Atlas par sa philosophie, la fusée de Serguei Korolev est beaucoup plus lourde et volumineuse que le missile américain : haute de 30 m, large de 10 m à la base, d'une masse approchant 270 t au départ, elle développe près de 500 t de poussée. Ce gigantisme s'explique par deux raisons. La première est que la fusée soviétique a été conçue très tôt, pour lancer une bombe thermonucléaire non miniaturisée. La seconde est que le « facteur de structure » du missile construit par Korolev n'est pas aussi bon que celui de l'Atlas. Cela se traduit, pour une charge utile environ double, par une masse totale près de trois fois plus forte.

Les propulseurs « multi-chambres » de Valentin Glouchko

Lorsque la fusée de Korolev fut montrée pour la première fois en public, en 1967, sous sa version « lance-Vostok » (le premier vaisseau habité), les spécialistes furent frappés par sa taille, mais aussi par ses propulseurs. A l'arrière du lanceur, on ne dénombrait pas moins de vingt tuyères principales, développant chacune 25 t seulement de poussée, c'est-à-dire comparable de ce point de vue au moteur de la V-2. Le système propulsif de cette fusée était-il simplement un agrégat de moteurs dérivés de celui de la V-2 ? En fait, il n'en est rien : la pression de combustion (environ 40 atmosphères), et la vitesse d'éjection (3 100 m/s dans le vide) démontrent que le progrès accompli par rapport aux techniques allemandes était aussi grand en U.R.S.S. qu'aux U.S.A. Simplement, le G.D.L. de Valentin Glouchko privilégie l'utilisation de petites chambres de combustion, qui permet en particulier de réaliser un système propulsif très court. Ces chambres de combustion sont regroupées quatre par quatre dans des ensembles disposant chacun de leurs propres turbopompes d'alimentation en propergols (oxygène liquide et kérosène). Ce sont ces ensembles qui, pour les Soviétiques, constituent les moteurs-fusées. Chaque booster possède ainsi un moteur RD-107 à quatre chambres de combustion, fournissant 102 t de poussée, et l'étage principal est équipé d'un moteur

Fig. 22. *Le lanceur soviétique A, est propulsé au départ par les gaz éjectés de 32 tuyères : 20 tuyères principales, et 12 tuyères de petits « moteurs verniers » servant au guidage du véhicule.*

RD-108, légèrement différent, développant 96 t de poussée. Le pilotage de la fusée n'est pas obtenu par orientation des propulseurs, comme sur le LR-89 américain, mais au moyen de petits moteurs verniers. Un propulseur RD-107 possède deux verniers. Un RD-108 en est équipé de quatre. Au total, avec vingt moteurs principaux, et douze moteurs verniers, ce ne sont pas moins de trente-deux tuyères qui crachent leurs flammes lorsque s'envole la fusée de Korolev.

La philosophie de la simplicité, de la « rusticité » pourrait-on dire, apparente dans les propulseurs RD-107 et 108, paraît caractériser l'ensemble des réalisations du G.D.L. de Valentin Glouchko. Tous les moteurs-fusées soviétiques connus disposent de chambres de combustion de faible poussée unitaire, consomment des propergols non cryogéniques, et ne sont pas orientables.

L'inauguration de l'ère spatiale

En créant une vitesse supérieure à 7 200 m/s, une fusée intercontinentale est bien près de satisfaire aux exigences d'une satellisation sur orbite basse : à 200 km d'altitude, la vitesse d'un satellite est de 7 800 m/s (28 000 km/h). Comment franchir le dernier petit pas qui sépare les missiles intercontinentaux de l'espace ? Le moyen le plus simple est d'accroître le rapport de masse en réduisant la charge utile. C'est ce que firent immédiatement les Soviétiques. Le 21 août 1957, dans son premier vol réussi, la fusée de Korolev envoyait une charge d'environ 3 t à 8 000 km de distance. Un mois et demi plus tard, le 4 octobre 1957, elle mettait sur orbite le petit Spoutnik de 83 kg, et inaugurait l'ère spatiale. Dans le même temps, de simple missile, elle se transformait en lanceur spatial « A » de l'arsenal soviétique (suivant la classification du Congrès des États-Unis, adoptée par tous les observateurs occidentaux).

Le retour de Von Braun

Lorsque le premier lanceur A satellisa Spoutnik, la fusée Atlas n'était pas encore prête, pas plus d'ailleurs qu'un autre missile intercontinental américain en chantier, le Titan. Mais de toute façon, pour lancer leurs premiers satellites, les Américains avaient décidé de ne pas utiliser des fusées militaires : ils réalisaient spécialement un petit lanceur à trois étages, le Vanguard. Malheureusement, cette voie purement « civile » d'accès à l'espace s'avéra catastrophique. D'une part, la charge utile de Vanguard, 6 kg, apparaissait soudain ridicule vis-à-vis des capacités du lanceur A. D'autre part, la fusée Vanguard n'était pas au point à la fin de 1957.

Cette situation de crise fit revenir sur le devant de la scène un personnage très important, Von Braun, qui travaillait dans un centre de l'Armée, à Huntsville (Alabama), à l'écart des grands programmes de missiles à longue portée. Von Braun avait construit une fusée à courte portée (800 km), la Redstone, dérivée directement de la V-2. Puis, il avait surmonté ce véhicule de petits étages supérieurs à poudre, lui permettant de créer une vitesse proche de 7 800 m/s. Cette configuration de la Redstone, appelée Jupiter C, servait à réaliser des tests de rentrée à grande vitesse dans l'atmosphère, pour préparer les vols de missiles intercontinentaux. A la demande du gouvernement américain, la Jupiter C fut transformée en trois mois en lanceur spatial. Le 31 janvier 1958, elle plaça sur orbite le premier satellite américain : Explorer. Une belle revanche pour l'homme de Peenemünde, qui s'ouvrait ainsi la route de la Lune.

Missiles à longue portée et lanceurs de satellites

L'épisode des petits lanceurs spéciaux Vanguard et Jupiter C fut cependant de courte durée. Très vite, les Américains, comme l'avaient fait les Soviétiques avant eux, transformèrent leurs missiles intercontinentaux, l'Atlas et le Titan, ainsi qu'un missile à moyenne portée (2 600 km), le Thor, en moyens de lancements spatiaux. Comme nous l'avons expliqué, cette situation était techniquement logique. En revanche, il est tout à fait étonnant de constater que, vingt années plus tard, les lanceurs les plus utilisés en U.R.S.S. comme aux U.S.A., dérivent toujours des missiles développés pendant les années 1950 (tableau 8). Pour quelles raisons ces missiles ont-ils connu une réussite aussi remarquable dans le domaine du transport spatial ?

La cause première est sans doute la taille relativement importante de ces fusées, conçues pour transporter les premières bombes thermonucléaires. Les missiles construits ultérieurement, aux États-Unis du moins (Minuteman, Polaris), auraient eu des charges utiles spatiales trop petites. La seconde raison est liée à la première : pour transporter une lourde bombe sans atteindre une trop grande dimension, les missiles des années 1950 étaient très performants, avec des structures légères, et des moteurs à propergols liquides de forte vitesse d'éjection. Ces qualités sont fondamentales pour un lanceur spatial. Les générations suivantes de missiles répondent plutôt à des impératifs de rapidité de mise en œuvre opérationnelle, qui exigent souvent l'utilisation de propergols solides.

Le lanceur « D » de Vladimir Chelomei

Optimisés comme lanceurs spatiaux par adjonction d'étages supérieurs, les premiers missiles intercontinentaux pouvaient placer quelques tonnes de charge utile sur orbite basse, et envoyer environ 1 t vers la Lune. Ces performances étaient suffisantes pour satelliser des cabines pilotées près de la Terre (programmes Vostok, Voskhod, Soyouz en U.R.S.S. ; Mercury, Gemini aux U.S.A.), et lancer des explorateurs automatiques vers la Lune et les planètes. Elles ne l'étaient pas, en revanche, pour envoyer des vaisseaux pilotés vers la Lune, comme souhaitaient le faire les États-Unis et l'Union soviétique pendant les années 1960. Des lanceurs géants, spécialement conçus pour la conquête humaine de la Lune, étaient donc nécessaires. Leur développement allait constituer la quatrième époque de l'histoire des fusées spatiales.

Missile (premier essai)	Masse (portée)	Hauteur ∅	Utilisations spatiales	Lancements antérieurs à 1981
SS-5 (1955 ?) U.R.S.S.	? (3 500 km)	24 m (2,6 m)	Base du lanceur soviétique C 1 *	226 tirs spatiaux
SS-6 (1957) U.R.S.S.	270 t (10 000 km)	30 m (10,3 m)	Base de la famille des lanceurs soviétiques A *	821 tirs spatiaux
Thor (1957) U.S.A.	47 t (2 600 km)	20 m (2,7 m)	Base du lanceur Thor-Delta **	355 tirs spatiaux
Atlas (1957) U.S.A.	115 t (10 000 km)	23 m (3 m)	Lanceur des cabines Mercury Base du lanceur Atlas-Centaur **	177 tirs spatiaux
Titan II (1961) U.S.A.	150 t (10 000 km)	31 m (3 m)	Lanceur des cabines Gemini Base de la famille des lanceurs Titan III **	125 tirs spatiaux

*   Voir tableau 13.
** Voir tableau 10.

Tableau 8: Les lanceurs spatiaux encore les plus utilisés en 1981 aux U.S.A. et en U.R.S.S. dérivent presque tous de missiles balistiques développés pendant les années 1950. Ces missiles de structure légère, disposant de moteurs à propergols liquides performants, étaient difficiles à mettre en œuvre sur le plan militaire. A l'exception du Titan II, ils ont tous été rapidement retirés des arsenaux stratégiques. Ils ont, en revanche, constitué d'excellentes bases pour des lanceurs de satellites. Certains d'entre eux seront sans doute encore utilisés en l'an 2000, près d'un demi-siècle après leur conception.

En U.R.S.S., ce n'est pas Serguei Korolev, mais Vladimir Chelomei, qui dirigea la construction d'une fusée de 1 000 t, produisant 1 500 t de poussée au départ, capable de satelliser 20 t près de la Terre, et d'envoyer 6 t vers la Lune. Ce lanceur, répertorié par la lettre D dans la classification américaine, était environ trois fois plus puissant que le lanceur A. Sa structure précise n'est pas connue, même si des observateurs américains sont parvenus à reconstituer sa silhouette (voir dessin du tableau 13). L'on sait néanmoins que cette fusée utilise des propergols classiques, non cryogéniques, dans des moteurs à haute pression construits par le G.D.L. de Valentin Glouchko.

La mission du lanceur D devait être l'envoi de vaisseaux pilotés, du type Soyouz, autour de la Lune. Cet objectif a été abandonné par les Soviétiques en 1969, lorsque la victoire américaine dans la course à la Lune est apparue inéluctable.

L'U.R.S.S. a-t-elle été plus loin que le lanceur D dans la construction de fusées lunaires géantes ? A-t-elle entrepris la réalisation de l'énorme lanceur, de plus de 5 000 t de poussée, qui aurait été indispensable à un programme d'envoi d'hommes sur la Lune ? Les Américains l'affirment, et donnent à cette fusée la classification de G. Selon eux, le lanceur G aurait été testé à trois reprises entre 1969 et 1972, sans succès. Le programme aurait alors été abandonné, au moins provisoirement.

La maîtrise de l'hydrogène

Contrairement aux lanceurs soviétiques D et G, les fusées lunaires géantes américaines Saturn sont bien connues. Elles sont remarquables non seulement par leur taille, mais aussi par l'emploi à grande échelle de l'hydrogène liquide comme combustible. Comme nous l'avons souligné pour Ariane (voir chapitre 2), l'hydrogène liquide est un combustible « diabolique », avec une température d'ébullition de −253°C, et une densité quatorze fois plus faible que celle de l'eau. Mais les performances qu'il autorise sont inégalables. En fait, même, le programme Apollo d'envoi d'hommes sur la Lune n'aurait pu être mené à bien sans le recours à l'hydrogène liquide.

Quel était le problème, en effet ? Il s'agissait de lancer en une seule fois un véhicule de 45 t — le vaisseau Apollo complet — vers la Lune. Avec des propergols non cryogéniques, comme ceux qu'utilisent les Soviétiques pour leur lanceur D, cela exigerait une fusée pesant au départ 7 500 t. Une telle fusée est pratiquement inconcevable. Avec l'hydrogène liquide, en revanche, une fusée de 3 000 t suffit. Le gain est immense.

Dès le début des années 1960, les Américains réalisèrent un premier moteur à hydrogène liquide : le RL-10, fournissant 6,8 t de poussée, avec une vitesse d'éjection record pour l'époque de 4 200 m/s. Le RL-10 est tout à fait comparable au propulseur du troisième étage d'Ariane, le HM-7. Il fut installé sur un étage supérieur conçu pour le missile Atlas : le Centaur. Ainsi naquit l'Atlas Centaur, qui accomplit son premier vol réussi en 1962, et poursuit brillamment en 1981 sa carrière de lanceur du nouveau transport spatial.

Pour Apollo : des moteurs d'une puissance colossale

Six propulseurs à hydrogène liquide RL-10 furent montés sur l'étage supérieur du premier modèle de la filière des fusées géantes Saturn : la Saturn I (tableau 9). Mais, le RL-10, avec sa poussée relativement faible, était inadapté à la propulsion des modèles suivants : la Saturn IB, et surtout le mastodonte Saturn V. Un propulseur beaucoup plus puissant fut donc développé : le J-2, développant 92 t de poussée. Jusqu'à l'avènement de la navette spatiale, le J-2 était de très loin le moteur-fusée à hydrogène liquide le plus

Modèle (Premier tir)	*Saturn I* (1964)	*Saturn IB* (1966)	*Saturn V* (1967)
Masse totale	500 t	600 t	2 960 t
Poussée au départ	680 t	744 t	3 400 t
Hauteur	52 m	70 m	111 m
Charge utile Orbite basse Vers la Lune	10 t —	18 t —	140 t 45 t

Tableau 9 : Les fusées géantes de la filière Saturn, construites pour le programme lunaire habité Apollo. Les modèles Saturn I et Saturn IB on servi à tester le matériel Apollo sur orbite terrestre basse. La fusée Saturn V envoyait le vaisseau Apollo complet vers la Lune.

Fig. 23. *Pour lancer le vaisseau piloté Apollo vers la Lune, les Américains ont réalisé le lanceur géant Saturn V, haut de 111 m, et d'une masse totale de 2 960 t. Cette photographie montre la fusée complète dressée verticalement sur sa plate-forme de lancement mobile. L'ensemble pesait 5 450 t, et était transporté entre le bâtiment d'assemblage et le site de lancement sur un gigantesque véhicule à chenille, le Crawler, mesurant 40 m sur 35 m et pesant 2 700 t.*

performant du monde. Un J-2 devait propulser le troisième étage de la Saturn V, et 5 J-2 le second étage de celle-ci.

Contrairement aux deux étages supérieurs, le premier étage de la Saturn V n'utilisait pas comme combustible l'hydrogène liquide, mais le classique kérosène. L'emploi de l'hydrogène dans cet étage aurait, en effet, exigé des réservoirs d'un volume prohibitif. La poussée à développer était énorme : 3 400 t. Il ne pouvait être question de la produire avec des moteurs de la classe du LR-89 de l'Atlas : il aurait fallu grouper pour cela cinquante de ces propulseurs. Un moteur d'une poussée unitaire colossale, 680 t, onze fois la poussée des Viking d'Ariane, fut donc construit spécialement : le F-1. Ce propulseur est un monument à lui seul : il a la hauteur d'une maison de deux étages, et pèse près de 10 t. Et pourtant, il en fallait encore 5 pour soulever une Saturn V.

Grandeur et décadence des Saturn

Les lanceurs Saturn étaient les fruits des travaux de l'équipe de Von Braun, qui réalisait enfin le rêve qui l'habitait depuis Peenemünde : construire des fusées toujours plus grosses pour permettre à l'homme de gagner les autres astres. Leur développement fut un succès technique extraordinaire : aucun tir n'échoua. Mais un succès sans lendemain, comme celui de tout le programme Apollo : après six fantastiques alunissages réussis entre 1969 et 1972, le programme fut arrêté sans espoir de reprise. Quelques Saturn furent encore utilisées pour les projets Skylab et Apollo-Soyouz. Puis le rideau retomba définitivement sur cette page de l'histoire des fusées spatiales.

Nous avons déjà vu quelle était la page suivante : celle du nouveau transport spatial. Il n'est plus question d'envoyer 45 t vers la Lune, mais des satellites de quelques centaines de kilogrammes sur orbite géostationnaire. Et pour cela, les Thor Delta, Atlas Centaur, ou Ariane, sont bien mieux adaptées que les énormes Saturn de Von Braun. Quant à la navette spatiale, elle est certes presque aussi lourde que la Saturn V, mais elle relève d'une tout autre philosophie, d'une tout autre technologie.

IV

LE MONDE DES LANCEURS

Le monde des lanceurs spatiaux au début des années 1980 est un peu à l'image du monde économique et politique. Les États-Unis et l'Europe occidentale, en s'appuyant sur un marché propre important, sont concurrents sur le marché international du nouveau transport spatial, c'est-à-dire de l'astronautique commerciale. Le Japon, qui n'a pas encore pris dans ce domaine la place remarquable qu'il occupe dans d'autres secteurs technologiques de pointe, progresse en faisant largement appel à l'importation de technologies américaines. L'Union soviétique possède un inventaire complet de fusées spatiales, entièrement utilisé pour ses besoins intérieurs et ceux du bloc socialiste, d'une manière qui ne serait probablement pas concurrentielle avec les possibilités offertes par les pays occidentaux. Les pays les plus avancés du tiers monde, la Chine et l'Inde, cherchent à se doter de moyens de lancement nationaux, sans pouvoir pour autant se passer de faire appel aux lanceurs occidentaux.

L'Atlas-Centaur : de la Lune à l'orbite géostationnaire

Avant l'avènement d'Ariane, les États-Unis avaient le monopole du nouveau transport spatial naissant. Ainsi que nous l'avons déjà souligné (voir chapitre 1), deux de leurs lanceurs se prêtaient bien à la mise sur orbite de satellites de télécommunications géostationnaires : l'Atlas-Centaur, et la Thor-Delta. La première de ces fusées, l'Atlas-Centaur, a relativement peu évolué depuis sa première utilisation en 1962. Conçue pour envoyer 1 t de charge utile vers la Lune, elle pouvait d'emblée servir à placer des satellites lourds sur l'orbite de transfert vers l'orbite géostationnaire. Les deux problèmes, en effet, sont très semblables : un lancement en direction de la Lune demande la création de 11 000 m/s à 200 km d'altitude ; pour l'orbite de transfert, la vitesse exigée est de 10 250 m/s. Sans modification, l'Atlas-Centaur pouvait placer 1 500 kg sur l'orbite de transfert. Progressivement améliorée, elle satellise maintenant 1 750 kg sur cette orbite.

Inversement, on peut remarquer qu'Ariane, optimisée pour les tirs en orbite de transfert, ferait un excellent lanceur de sondes lunaires, ou même planétaires. Elle sera utilisée de cette manière pour la première fois en 1985, pour envoyer la station automatique européenne Giotto vers la comète de Halley.

Le destin étonnant de la Thor-Delta

La fusée Thor-Delta a, en revanche, évolué d'une manière considérable depuis sa naissance en 1960. Dans sa version initiale, elle pouvait satelliser une charge utile de 250 kg près de la Terre ou envoyer 100 kg vers l'orbite géostationnaire. C'est dans cette configuration qu'elle lança en 1963 le premier satellite géostationnaire, Syncom 1, puis en 1965 le premier satellite de télécommunications international, Intelsat I, plus connu sous le nom de « Early Bird » (l'Oiseau du Matin).

Le lanceur Thor-Delta a véritablement été le pionnier du nouveau transport spatial. Il est d'autant plus surprenant de le retrouver toujours compétitif près de vingt ans plus tard, avec une capacité de lancement multipliée par... 11 ! Dans sa version la plus récente, la Thor-Delta 3 910/PAM, introduite en 1981, cette fusée est en effet capable de placer 1 100 kg sur l'orbite de transfert.

Comment une telle augmentation de performances a-t-elle été possible ? Essentiellement grâce à l'adjonction au départ de petits « boosters » (propulseurs auxiliaires) à propergols solides, en l'occurrence appelés Castor. Ces boosters, disposés en couronne à la base du premier étage, sont petits et légers (6 t pour la version Castor IV), et fonctionnent très peu de temps (40 s). Mais ils apportent un surcroît de poussée considérable (60 t par Castor IV) au moment opportun : au décollage, lorsque la fusée, alors à son poids maximum, doit s'élever verticalement, avec ses moteurs travaillant directement contre la pesanteur terrestre. En augmentant l'accélération au départ, les petits boosters raccourcissent cette phase difficile. En outre, ils permettent d'alourdir le lanceur, sans qu'il soit nécessaire d'accroître sensiblement la poussée du premier étage. La Thor-Delta 3 910/PAM est ainsi près de trois fois plus lourde que la version originale. Ce gain de masse a permis d'augmenter considérablement la quantité de propergols emportés par le premier étage, et d'accroître la puissance des deux étages supérieurs.

En principe la Thor-Delta, comme l'Atlas-Centaur, devrait être remplacée à partir de 1985 par la navette spatiale. En pratique, cela ne sera certainement pas le cas. Et les constructeurs du lanceur étudient de nouvelles versions encore plus puissantes : la 3 920/PAM placera 1 250 kg sur orbite de transfert à partir de 1982, et la 4 920/PAM pourrait suivre avec une capacité de 1 600 kg.

L'exemple de la Thor-Delta est important dans la mesure où il montre comment les capacités d'un lanceur peuvent suivre dans une très large mesure la croissance de la masse des satellites d'applications. Il va être suivi par Ariane, puisque le passage des configurations Ariane-1 à Ariane-4 (voir chapitres 1 et 2) se fera avec une philosophie comparable à celle de l'évolution de la Thor-Delta.

La famille des Titan III

L'Atlas-Centaur et la Thor-Delta sont les deux principaux lanceurs civils américains en service en 1981 (tableau 10). Ils sont complétés pour le domaine des très petites charges utiles par la fusée Scout, qui place principalement sur orbite basse des satellites scientifiques légers (moins de 100 kg).

Pour leurs activités militaires dans le cosmos, les États-Unis font surtout appel à une famille de fusées dérivées du troisième grand missile américain des années 1950 : la Titan II. Par rapport aux missiles Thor et Atlas, qui utilisent de l'oxygène liquide cryogénique, la Titan II avait l'avantage de brûler des propergols stockables, qui sont d'ailleurs pratiquement ceux que consomment les deux premiers étages d'Ariane. Cela augmentait la disponibilité du lanceur − un critère décisif quand il s'agit de satelliser des plates-formes « importantes pour la sécurité nationale ». La Titan III B est la moins puissante de la famille : c'est un missile Titan II surmonté d'un étage supérieur Agena B, qui met sur orbite des satellites de reconnaissance de 3 à 4 t. La Titan III D est une Titan II flanquée de deux énormes propulseurs à poudre fournissant au total 1 100 t de poussée au décollage. Elle lance les très grosses plates-formes d'observation photographique, Big-Bird et Key-Hole 11, qui pèsent environ 13 t. Quant à la Titan III C, c'est pratiquement la Titan III D surmontée d'un étage supérieur « Transtage » lui permettant d'envoyer des satellites lourds (jusqu'à 2 t) en orbite géostationnaire. Elle va être remplacée par le Titan 34 D qui utilise comme étage supérieur l'I.U.S. développé par ailleurs pour la navette.

Après la mise à la retraite des Saturn, les Titan III sont les fusées classiques les plus puissantes en service aux États-Unis. Lorsque s'est posé le problème de l'envoi de sondes interplanétaires lourdes vers Mars (les Viking en 1975) et Jupiter/Saturne (les Voyager en 1977), la N.A.S.A. a ajouté une version civile à la famille : la Titan III E/Centaur.

Cap Canaveral et Vandenberg

Les États-Unis disposent de deux principaux cosmodromes : le Centre spatial Kennedy (K.S.C.), à Cap Canaveral, en Floride ; et la base de Vandenberg (W.T.R., pour « Western Test Range », soit

Lanceur (première utilisation)
Masse totale
Poussée
Hauteur
Charge utile : Orbite basse Orbite de transfert Orbite géostationnaire Lune, Mars, Vénus

Tableau 10 : Caractéristiques et performances des lanceurs classiques américains en service au début des années 1980.

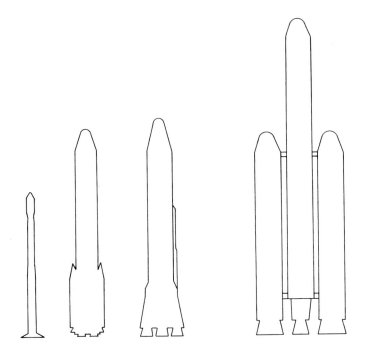

SCOUT	DELTA	ATLAS-CENTAUR	TITAN-III	
			B **	C, D, E
(1960)	(1960)	(1962)	(1966)	(1965 à 1974)
16 t	192 t	148 t	180 t	640 t
52 t	441 t	168 t	210 t	1 090 t
22 m	35 m	41 m	44 à 53 m	39 à 49 m
0,1 t	2,3 t	4,5 t	4 t	13 t
—	1,1 t	1,75 t	1 t	3,5 t
—	(0,5 t) *	(0,9 t) *	(0,5 t) *	(1,5 t) *
—	—	1 t	—	3,5 t

* Avec travail complémentaire du moteur d'apogée de la charge utile.
** La version Titan III B ne possède pas les deux « boosters » latéraux représentés.

« polygone d'essai [de la côte] occidentale »), en Californie. Un troisième centre, beaucoup plus modeste, se trouve sur la côte nord-est des U.S.A., à Wallops Island (tableau 11).

Site	Nationalité	Coordonnées	Lancements spatiaux (période 1957-1980)
Baïkonour *	U.R.S.S.	45,6°N ; 63,4°E	515
Plesetsk	U.R.S.S.	62,8°N ; 40,1°E	754
Kapustin-Yar	U.R.S.S.	48,4°N ; 45,8°E	70
Cap Canaveral	U.S.A.	28,5°N ; 80,5°W	309
Vandenberg	U.S.A.	34,5°N ; 120,5 W	429
Wallops Island	U.S.A.	37,5°N ; 75,2 W	18
Kourou	France	5,2°N ; 52,6°W	7 **
San Marco ***	Italie	3° S ; 40° E	8
Kagoshima	Japon	31,1°N ; 131° E	11
Tanegashima	Japon	30,2°N ; 131,6°E	6
Shuang Chenzi	Chine	41° N ; 100° E	8
Sri Harikota	Inde	12° N ; 80° E	1

* Le « cosmodrome de Baïkonour » se trouve en fait à 450 km de la ville du même nom, près d'un village appelé Tyuratam.

** Avant d'utiliser la base guyannaise de Kourou, la France a lancé quatre satellites depuis le centre d'Hammaguir, situé en Algérie. D'autre part, un autre pays européen, l'Angleterre, a lancé un satellite depuis la base de Woomera, en Australie, en 1971. Le cosmodrome de Kourou est utilisé par l'Agence spatiale européenne en vertu d'un accord avec la France.

*** Le site « San Marco » est une plate-forme italienne ancrée à 5 km au large de la côte du Kenya, dans l'océan Indien. Elle est équipée pour lancer des fusées porteuses américaines Scout.

Tableau 11 : Cosmodromes en service dans le monde au début des années 1980.

Fig. 24. *Lancement à Cap Canaveral d'une sonde martienne Viking par une fusée Titan IIIE/Centaur. La famille des lanceurs Titan III est essentiellement utilisée aux États-Unis pour mettre sur orbite des satellites militaires.*

Le Centre spatial Kennedy est le principal cosmodrone civil américain. Toutes les sondes automatiques lunaires et planétaires, toutes les missions spatiales habitées, tous les satellites d'application géostationnaires, ainsi que la plupart des satellites scientifiques, en ont été lancés. Sa partie essentielle est le Complexe 39, gigantesque ensemble de lancement construit pour les fusées Saturn, et adapté ensuite pour les besoins de la navette spatiale. Depuis Cap Canaveral, cependant, il n'est pas possible de procéder à des tirs en direction du nord ou du sud, et donc de placer des satellites sur orbite polaire. Les trajectoires accessibles ont des inclinaisons sur le plan de l'équateur comprises seulement entre $28°$ et $57°$. La base de Vandenberg complète le K.S.C. pour les lancements sur des orbites fortement inclinées sur l'équateur (de $56°$ à $104°$). Elle sert pour les tirs de satellites de météorologie et d'étude des ressources terrestres, mais surtout pour les véhicules spatiaux militaires. A partir de 1985, cette base sera équipée pour les opérations de la navette spatiale — essentiellement pour des missions militaires —, et Cap Canaveral perdra le monopole des vols spatiaux habités américains. Le troisième cosmodrome des U.S.A., Wallops Island, sert exclusivement à des tirs de satellites scientifiques légers.

Les ambitions du Japon

Le 11 février 1970, le Japon est devenu le quatrième pays au monde, après l'Union soviétique, les États-Unis et la France, à mettre sur orbite une charge utile (le satellite Osumi) par ses propres moyens. La situation du Japon dans le domaine de la propulsion par fusée était cependant bien différente de celle existant dans les trois nations l'ayant précédé : le pays du Soleil levant ne possédait pas de programme national de missiles sur lequel appuyer son effort. Pour cette raison, le développement des lanceurs japonais a suivi et suit une voie originale, avec deux programmes totalement différents pour les missions scientifiques et d'application.

Les lanceurs scientifiques sont des fusées entièrement à propergols solides réalisées par l'Université de Tokyo, et partant depuis le centre de Kagoshima. Cinq versions de ces fusées appelées « L » (pour Lambda) et « M » (pour Mu) se sont succédées, la plus récente, la M-3S, pouvant satelliser 300 kg sur orbite basse (tableau 12).

Les lanceurs de plates-formes d'application sont pratiquement des fusées américaines Thor-Delta produites sous licence au Japon.

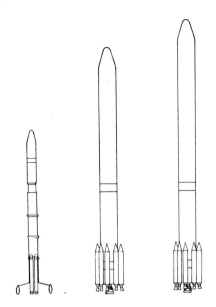

Lanceur (Première utilisation)	M − 3S		N − 2 (1981)	H − 1	
	(1980)	KAI-1 ** (1985 ?)		A ** (1988 ?)	B * (1990 ?)
Masse totale	49 t	61 t	134 t	140 t	200 t
Poussée initiale	197 t	144	149 t	220 t	?
Hauteur	24 m	27 m	35 m	40 m	42 m
Charge utile : Orbite basse	0,3 t	0,7 t	—	3 t	4,5 t
Orbite de transfert	—	—	0,7 t	1,1 t	2 t
Orbite géostationnaire ***	—	—	(0,35 t)	(0,55 t)	(1 t)
Lune, Mars, Vénus	—	0,1 t	—	—	—

   * En projet.
  ** En développement.
*** Avec travail complémentaire du moteur d'apogée de la charge utile.

Tableau 12 : Caractéristiques et performances des lanceurs japonais en service, en développement ou en projet au début des années 1980. La fusée M−3S KAI−1 devrait lancer en 1985 la première sonde interplanétaire japonaise, Planet A, vers Vénus et la comète de Halley.

Dans le modèle en service au début des années 1980, la N-2, la part de l'industrie japonaise n'est que de 50 %. Il y a là une approche radicalement différente de celle du développement indépendant, adoptée par la France et l'Europe. Cela étant, cette approche devrait permettre aux Japonais, comme aux Européens, d'offrir à l'exportation des systèmes complets satellite-lanceur. Le seul problème sera celui de la charge utile : le N-2 — qui est presque un modèle assez ancien Thor-Delta 2914 — ne place que 700 kg sur orbite de transfert, contre 1 100 kg pour le Thor-Delta 3 910/PAM et 1 750 kg pour Ariane et l'Atlas-Centaur. Un net progrès sera accompli avec le H-1A, qui reprendra l'étage de base de la N-2, avec un second étage à hydrogène liquide étudié au Japon. Le moteur de cet étage sera comparable au HM7 d'Ariane : poussée 10 t ; masse de propergols 8,5 t ; vitesse d'éjection 4 100 m/s.

Le H-1A pourra placer sur orbite de transfert des satellites de la « Classe Delta », mais cela en 1988 seulement. Un peu plus tard, un autre lanceur, le H-1B, atteindrait les performances d'Ariane-1. A ce moment-là, cependant, l'Europe disposera des versions Ariane-4, et peut-être même Ariane-5, beaucoup plus puissantes, et les États-Unis commenceront à bien utiliser leur navette.

L'avenir des lanceurs japonais dans le nouveau transport spatial ne paraît donc pas évident.

Les fusées porteuses N-2 sont mises en œuvre par l'Agence nationale de Développement spatial (Nasda) du Japon, et tirées depuis le cosmodrome de Tanegashima.

A, C, D, F : les 4 lanceurs soviétiques

L'Union soviétique ne concourt pas sur le marché de l'astronautique commerciale, mais ses besoins nationaux en matière de lancement spatial sont de loin les plus importants du monde : chaque année, une centaine de fusées porteuses partent d'U.R.S.S., contre moins d'une vingtaine des U.S.A. Le trafic du cosmodrome soviétique le plus animé, Plesetsk, est cinq fois supérieur à celui que connaîtra Kourou dans la seconde moitié de la décennie (dix à douze tirs par an).

Ces besoins considérables s'expliquent par l'importance des programmes spatiaux militaires et de prestige de l'U.R.S.S. Ils sont satisfaits par un arsenal de quatre lanceurs, dont le plus récent a été mis en service en 1965 (tableau 13). La longévité des fusées por-

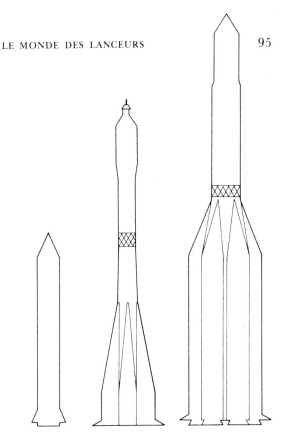

Lanceur (première utilisation)	C-1 KOSMOS (1964)	A-2 SOYOUZ (1961)	D-1 PROTON (1965)
Masse totale	100	310 t	1 000 t
Poussée initiale	178 t	470 t	1 500 t
Hauteur	32 m	49 m	58 m
Charge utile : Orbite basse Orbite géostationnaire Lune, Mars, Vénus	1,1 t — —	7,5 t — 1 à 1,8 t	22 t 2,5 t 5 à 6 t

Tableau 13 : Les 3 principaux lanceurs soviétiques en service au début des années 1980. Une cinquième fusée, le lanceur « F », dérivé du missile SS-9, est utilisé pour des expériences d'interception de satellites.

teuses est donc un trait commun aux programmes américains et soviétiques.

Officiellement, les lanceurs utilisés en U.R.S.S. sont simplement désignés en fonction de leur charge utile : on a ainsi le lance Vostok, le lance Soyouz, etc.. Cette manière de procéder n'est pas claire, car un même type de fusée sert à satelliser des charges utiles différentes. Ainsi, le lance Saliout (station orbitale) et le lance Proton (satellite d'étude des rayons cosmiques) ne font pratiquement qu'un. Dans ces conditions, l'usage est d'utiliser la classification introduite par Charles Sheldon, de la Bibliothèque du Congrès des États-Unis. Chaque grand type de lanceur est décrit par une lettre, attribuée dans l'ordre de mise en service : A, C, D, F. Un chiffre accolé à la lettre permet de distinguer les versions de la même fusée de base : A-1 pour le lance Vostok, et A-2 pour le lance Soyouz, qui possède un étage supérieur allongé, par exemple. Le tableau 13 donne les caractéristiques des versions les plus courantes.

Une fusée lourde pour les satellites géostationnaires de l'U.R.S.S.

Le lanceur A est de loin le plus utilisé dans le monde, comme nous l'avons déjà indiqué au chapitre 3 : 821 tirs entre 1957 et 1980. Sa charge utile sur orbite basse est comparable, à celle d'Ariane-1 (pour la version A-1) ou d'Ariane-4 (version A-2). Contrairement à la fusée européenne, le lanceur A ne sert cependant pas à mettre des satellites sur orbite géostationnaire.

La fusée C est le lanceur du bas de gamme, utilisé pour des petits satellites scientifiques ou militaires. Quant à la fusée D, c'est au contraire le lanceur de haut de gamme, avec une charge utile supérieure à celle du Titan III D américain. Nous avons vu (chapitre 3) que cette fusée avait été construite pour des missions lunaires habitées, comme les Saturn aux U.S.A. Mais, à la différence des Saturn, elle n'a pas été abandonnée après la fin de la course à la Lune.

La fusée D sert au lancement des stations orbitales, des sondes lunaires et planétaires, et des satellites de télécommunications géostationnaires. Ce dernier usage est plutôt surprenant : les Soviétiques font appel à une fusée de 1 000 t pour des missions qu'Américains et Européens accomplissent avec des lanceurs de 200 t... Il s'agit d'une solution très onéreuse, rendue en grande partie nécessaire par la latitude élevée du cosmodrome de Baïkonour. Celui-ci est très désavantagé par rapport à Kourou (latitude 5° N) et même Cap Canaveral (28,5° N.) pour placer des satellites dans le plan équatorial (voir chapitre 2). Un autre facteur qui contribue à la nécessité d'un lanceur très lourd est la miniaturisation insuffisante des satellites de télécommunications soviétiques. Dans ces conditions, même si elle le souhaitait, l'U.R.S.S. ne pourrait pas prendre une place concurrentielle dans le nouveau transport spatial.

Une procédure originale : l'assemblage horizontal

Le quatrième lanceur soviétique, le F, possède un rôle marginal : directement dérivé du missile intercontinental SS-9, il ne sert qu'à des expériences militaires spatiales de caractère agressif (interception de satellites).

Ces fusées partent de trois cosmodromes, qui jouent des rôles semblables aux trois centres de lancement américains : Baïkonour, dans le Kazakhstan, est le Cap Canaveral soviétique ; Plesetsk, non loin d'Arkhangelsk, dans le nord de la Russie, est l'équivalent de la base de Vandenberg ; et Kapustin-Yar, sur les bords de la Volga, joue le même rôle que Wallops Island.

La procédure retenue par les Soviétiques pour l'assemblage final et la mise en œuvre de tous leurs lanceurs est originale. Certes, le principe est le même que celui appliqué aux U.S.A. pour les Saturn et la navette : l'assemblage a lieu dans un bâtiment spécial fixe, et le lanceur est transporté complet sur un site de tir éloigné. Ce principe a aussi été adopté pour le second ensemble de lancement (E.L.A. 2) d'Ariane à Kourou (voir chapitre 2). Mais sur les cosmodromes américains, comme ce sera le cas à Kourou, toutes les opérations d'assemblage et de transport sont effectuées avec la fusée dans la position verticale qui sera la sienne au moment du tir. En U.R.S.S., en revanche, ces opérations sont conduites avec le lanceur en position horizontale. Le transport, sur une simple voie ferrée, est facilité par cette procédure. Mais le basculement final, qui amène la fusée verticalement sur sa table de lancement, est-il compatible avec une structure très légère, comme celle de l'Atlas ou d'Ariane ?

Les lanceurs « Longue Marche »

En dehors des grandes puissances industrielles, deux pays se dotent de moyens de lancement spatiaux propres : la République

populaire de Chine et l'Inde. La Chine s'appuie sur son effort dans le domaine des missiles à longue portée, commencé pendant les années 1950 avec la coopération de l'U.R.S.S. Son premier satellite, Chine 1, a été mis sur orbite le 24 avril 1970 par une fusée C.S.S.-X-3 (désignation américaine qui signifie China Strategic System-3 ; le « X » veut dire expérimental), dérivée du missile soviétique S.S.-5. Ce premier lanceur est appelé Longue Marche 1 par les Chinois. Il a été remplacé à partir de 1975 par le véhicule Longue Marche 2, qui n'est autre qu'un missile intercontinental FB-1 (C.S.S.-X-4 pour les Américains). Cette fusée de près de 200 t (tableau 14) a placé sur orbite basse, entre 1975 et 1980, six satellites de 2 t (Chine 3 à 8) et, en 1981, une grappe de trois satellites. Les ingénieurs chinois préparent pour le FB-1 un troisième étage à hydro-

◁ Fig. 25. *Assemblage final en position horizontale d'un lanceur soviétique C et de sa charge utile (ici le satellite Intercosmos 21, mis sur orbite le 6 février 1981).*

Fig. 26. *Transport en position horizontale d'un lanceur soviétique A-1 complet entre le bâtiment d'assemblage et la table de lancement (préparatifs du départ du satellite Bulgaria-1300 en août 1981). Cette procédure, comme celle de la figure précédente, est tout à fait originale.*

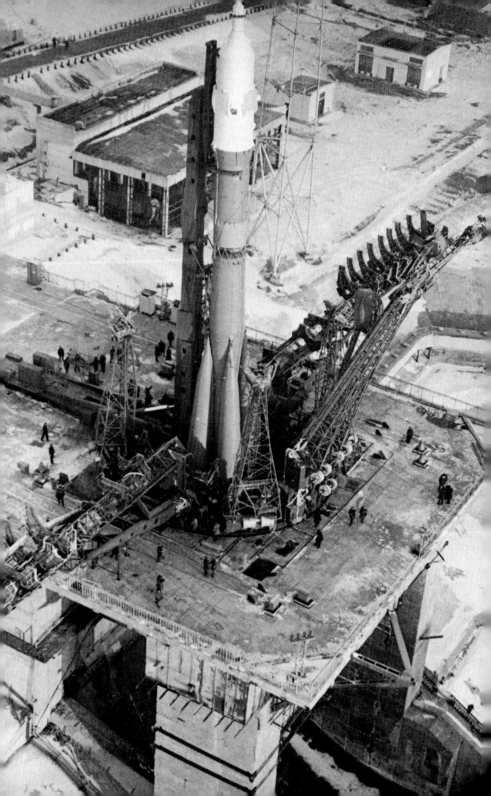

Tableau 14 : Caractéristiques et performances des lanceurs chinois et indien en service, en développement ou en projet au début des années 1980.

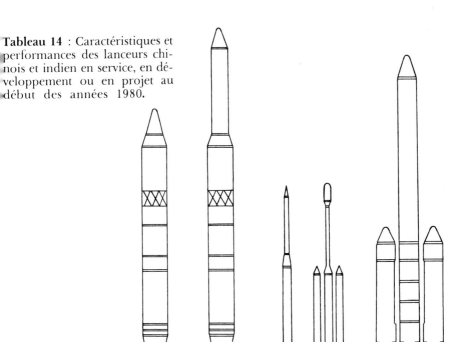

Lanceur (Première utilisation)	Chine		Inde		
	FB-1 (1975)	Longue-* Marche 3 (1982 ?)	S.L.V.-3 (1980)	A.S.L.V. * (1983 ?)	P.S.L.V. ** (1985 ?)
Masse totale	190 t	200 t	17 t	39 t	330 t
Poussée initiale	280 t	280 t	55 t	165	?
Hauteur	32 m	43 m	23 m	23 m	36 m
Charge utile : Orbite basse	1,2 t	3 t	50 kg	150 kg	3,5 t
Orbite de transfert	—	1 t	—	—	—
Orbite géostationnaire	—	0,4 t	—	—	—

* En développement.   ** En projet.

◁ Fig. 27. *Après avoir été transporté horizontalement, le lanceur A-2 est basculé en position verticale sur sa table de lancement sur le cosmodrome de Baïkonour. Cette installation a lieu une journée seulement avant le tir, de manière que la table de lancement soit occupée un temps minimum.*

gène liquide d'une poussée de 1,1 t, avec une vitesse d'éjection de 4 300 m/s. De cette manière, ils veulent créer un lanceur de satellite géostationnaire : le Longue Marche 3.

En Inde : priorité aux orbites polaires

Contrairement à la Chine, l'Inde ne cherche pas, pour l'instant, à lancer elle-même des satellites géostationnaires. Elle fait appel, pour ce type de mission, à l'Europe et aux États-Unis. Son ambition est de créer une fusée porteuse de satellites d'étude des ressources terrestres, évoluant donc sur orbite polaire. Un premier succès dans cette voie a été acquis le 18 juillet 1980, avec le lanceur S.V.L. 3 (« Space Launch Vehicle 3 », c'est-à-dire « véhicule de lancement spatial 3 »). La charge utile de la fusée S.V.L. 3 est cependant assez faible (50 kg ; voir tableau 14), et l'Inde, avec une notable coopération française, développe un lanceur de satellites lourds : l'A.S.L.V. (A pour « Advanced », soit « Avancé »), étape sur la route d'un projet de fusée encore plus puissante : la P.S.L.V. (P pour « Polar », c'est-à-dire « Polaire »). La P.S.L.V. utiliserait le moteur « Viking » d'Ariane dans son second étage.

La Chine parviendra-t-elle à maîtriser la propulsion à hydrogène liquide, comme elle le souhaite pour son lanceur Longue Marche 3 ? L'Inde parviendra-t-elle à construire une fusée lourde comme la P.S.L.V. ? Ces développements demanderont peut-être plus de temps que prévu. Il n'est cependant pas impossible que ces deux nations, les plus peuplées du monde, accèdent à une certaine indépendance spatiale dans la décennie 1990-2000.

V

LE PARI DE LA NAVETTE SPATIALE

Le 12 avril 1981 à 14 h, la navette spatiale Columbia décollait pour la première fois de Cap Canaveral. Dans son poste de pilotage se trouvaient deux astronautes : John Young et Robert Crippen. Deux jours plus tard, le 14 avril à 20 h 20, Columbia se posait en vol plané sur le lac salé de la base aérienne Edwards, en Californie. Les États-Unis avaient gagné un pari technologique engagé neuf ans auparavant, lorsque le Président Nixon avait approuvé la construction d'un véhicule spatial de conception révolutionnaire, capable d'aller et venir entre la Terre et l'espace, en transportant à chaque voyage jusqu'à 29,5 t de fret et 7 astronautes.

La trilogie navette/remorqueur/station

A l'origine, le projet de navette spatiale faisait partie d'un ensemble de propositions ambitieuses préparées par la N.A.S.A. pour prendre le relais de la conquête lunaire : le programme post-Apollo.

L'objectif avoué était l'occupation à grande échelle de l'espace circumterrestre par l'homme. Il n'était pas réalisable avec des lanceurs classiques Atlas-Centaur ou Titan III, trop petits et coûteux (10 000 $/kg sur orbite basse en 1980), ni avec des fusées Saturn assez puissantes mais tout aussi onéreuses. La navette spatiale, moyen de transport radicalement nouveau, devait offrir à la fois une charge utile élevée, et un coût de transport modéré (moins de 500 $/kg sur orbite basse − valeur 1980). Elle devait transporter les

Fig. 28. *Premier décollage de la navette spatiale Columbia de Cap Canaveral le 12 avril 1981 à 14 h. Le véhicule pèse 2 000 t et développe près de 3 000 t de poussée.*

modules nécessaires à l'assemblage d'une grande station orbitale habitée en permanence, puis assurer le ravitaillement et la relève des équipages de cette station. Celle-ci aurait constitué une base d'opération proche de la Terre d'où seraient partis des « navettes interorbitales » ou « remorqueurs spatiaux », capables de transporter du matériel ou des hommes sur des orbites éloignées — en particulier géostationnaires —, puis de revenir à leur point d'origine. Le programme post-Apollo s'appuyait ainsi sur une trilogie cohérente : navette/station/remorqueur. Grâce à la réduction du coût du transport spatial, il prévoyait une intensification des activités humaines dans le cosmos, à la fois dans le domaine des applications et de l'exploration. La conquête de Mars se trouvait en filigrane de ces plans, comme la poursuite de l'étude humaine de la Lune.

Fig. 29. *Le 13 avril 1981 à 20 h 20, l'avion-fusée orbital de la navette se pose pour la première fois en vol plané à son retour de l'espace. Pour les premiers vols expérimentaux, les atterrissages ont lieu sur le lac salé de la base Edwards, en Californie. Pour les missions opérationnelles, les retours auront lieu sur la base de lancement.*

Un triple objectif

On sait ce qu'il est advenu de ces projets grandioses, face aux dures réalités budgétaires. L'exploration de la Lune a été arrêtée en 1972, et la conquête de Mars repoussée *sine die*. La construction d'une station orbitale permanente a été reportée à 1990 au plus tôt, comme celle d'un véritable remorqueur spatial. La navette est donc restée seule, dans un programme post-Apollo devenu squelettique. Une seule anticipation des planificateurs de la fin des années 1960 s'est avérée juste : le développement des applications spatiales. Mais ce développement n'a pas attendu la réduction des coûts de lancement et la possibilité d'intervention humaine que promettait la navette. Il s'est organisé en fonction des capacités des engins purement automatiques et des fusées classiques. Le nouveau transport spatial, celui de l'astronautique commerciale, de la préé-

minence de l'orbite géostationnaire, a précédé la navette, qui doit s'y adapter.

Face à ces projets réduits, face à ce contexte nouveau, la N.A.S.A. a assigné trois objectifs à court terme au programme de navette spatiale :

- réduire comme prévu le prix du transport sur orbite basse ;
- lancer les satellites géostationnaires en s'adjoignant des étages supérieurs de performances moyennes mais de coût de développement faible. Ces étages supérieurs constituent des substituts du remorqueur spatial.

- explorer des voies nouvelles d'activités orbitales avec participation humaine : récupération et réparation de satellites, déploiement ou assemblage de grandes structures, études de nouvelles applications comme l'élaboration de produits en apesanteur, etc. Pour cette exploration, la navette doit se comporter comme un embryon de station orbitale, grâce en particulier au laboratoire Spacelab construit par les Européens.

Pour les deux premiers objectifs, la navette est un moyen de transport, au même titre qu'Ariane. Pour le troisième, elle est un moyen d'action dans l'espace, comme le vaisseau Apollo, ou les stations soviétiques Saliout.

Le concept initial : des avions-fusées gigognes

Le concept de navette spatiale découle d'une analyse très simple : le prix d'un lancement classique dans le cosmos est élevé car la fusée utilisée, avec ses moteurs complexes, toute son électronique, ses réservoirs, sa coiffe, ne sert qu'une fois ; pour remédier à cette situation, il faut construire une fusée réutilisable à de nombreuses reprises. Une analogie est souvent faite avec l'aviation : si un Airbus, par exemple, n'accomplissait qu'un seul vol, le prix des voyages aériens serait monstrueux. Cette analogie est très exagérée, car la décomposition du coût de transport n'est pas du tout la même pour l'espace et pour l'air.

Cela étant, le réemploi est l'idée maîtresse de tous les projets de diminution du prix des lancements spatiaux. Et, à l'origine, la navette devait être un véhicule entièrement réutilisable plus de cent fois.

Le concept initial prévoyait la construction de deux avions-fusées montés en tandem, l'un derrière l'autre, ou l'un au-dessus de l'autre suivant les projets. Le premier avion-fusée joue le rôle de l'étage de base d'un lanceur classique : il transporte le second à une altitude de 40 km environ et lui communique une vitesse de quelque 1 500 m/s. Mais, son fonctionnement achevé, au lieu d'être détruit, il fait demi-tour dans l'atmosphère et revient se poser à son point de départ. Pendant ce temps, le second avion-fusée, beaucoup plus petit, va se satelliser sur orbite basse avec sa charge utile. Sa mission terminée, il freine légèrement sa course, pénètre à 28 000 km/h dans l'atmosphère, dissipe son énergie cinétique sous forme de chaleur en traversant celle-ci, et atterrit à son tour en planant à sa base de lancement. Les deux avions-fusées font alors le plein de propergols (de l'oxygène et de l'hydrogène liquides) et sont prêts à repartir pour une nouvelle mission.

Deux compromis : des accélérateurs et un réservoir extérieur

Ce concept original avait l'avantage de minimiser le prix de chaque lancement. Mais, en contrepartie, il allait de pair avec un coût de développement maximum : plus de 12 milliards de dollars en 1972. Le gouvernement américain demanda à la N.A.S.A. de réduire de moitié le prix du projet. Cela ne fut possible que par l'abandon du premier avion-fusée. Le problème se posa alors de remplacer celui-ci par un lanceur plus classique. Le choix s'est porté sur deux énormes propulseurs auxiliaires à propergols solides. Ces propulseurs sont équipés de parachutes, et ils sont en principe récupérables à 300 km au large de Cap Canaveral. Ils pourraient resservir une vingtaine de fois.

Le sacrifice de l'avion-fusée de base n'était cependant pas suffisant. Le second avion-fusée, celui qui gagne l'espace, restait trop cher... C'est alors qu'apparut une idée très fructueuse. Quel était l'élément à la fois le plus volumineux et le moins onéreux du véhicule : la cabine, la soute, les moteurs, les réservoirs de propergols ? La réponse était évidente : les réservoirs. Il fut donc décidé de placer l'ensemble des propergols dans un gigantesque réservoir extérieur. L'avion-fusée proprement dit ne comprend plus qu'une cabine, une soute et des moteurs, ce qui réduit considérablement son volume, et donc son prix.

Le coût du développement était diminué. Mais le concept initial de réemploi total était abandonné. Le réservoir extérieur ne sert qu'une fois, et son prix unitaire est une fraction importante du coût de lancement de la navette. Les propulseurs auxiliaires sont récupérables, mais leur remise en état est onéreuse. En définitive, le prix d'une satellisation sur orbite basse est plus de deux fois celui visé à l'origine : 1 200 $/kg. C'est la conséquence des compromis acceptés par la N.A.S.A. Mais sans ces compromis, il n'y aurait pas de navette.

Le plus lourd engin spatial de l'histoire

La partie véritablement réutilisable de la navette, celle qui effectue des aller et retour entre la Terre et l'espace est appelé Orbiter par les Américains. Le mot « orbiteur » n'étant pas français, la meilleure traduction du terme « orbiter » est sans doute l'expression « avion-fusée orbital » : il s'agit en effet d'un engin en forme d'avion, propulsé par des moteurs-fusées et capable de gagner une trajectoire orbitale autour de la Terre.

Ce véhicule possède une aile delta de 24 m d'envergure, et sa longueur est de 37 m. Par ces dimensions, il est comparable à un avion moyen courrier comme la Caravelle. Mais par l'allure massive de son fuselage, il évoque plutôt un gros porteur comme l'Airbus. Ce fuselage comprend à l'avant une cabine pour l'équipage, au centre une vaste soute de 4,5 m de diamètre pour 18 m de longueur, et il se termine à l'arrière par les trois moteurs-fusées principaux. La vision de l'avion-fusée orbital, posé sur son train d'atterrissage tricycle, est impressionnante : il est bien difficile de se persuader qu'un tel engin peut voyager dans le cosmos comme tous les petits satellites et les vaisseaux pilotés auxquels nous a habitués la conquête spatiale.

Cet extraordinaire engin possède une masse « à sec », c'est-à-dire tous réservoirs vides, de 68 t. A celle-ci, il faut ajouter 15 t de propergols stockables — de l'hydrazine et du tétraoxyde d'azote — pour les moteurs de manœuvre et de stabilisation, et 30 t au maximum pour la charge utile et l'équipage. Au total, l'avion-fusée orbital peut donc peser jusqu'à 113 t au départ. C'est de loin l'engin spatial le plus lourd de toute l'histoire de l'astronautique : la station orbitale Skylab n'avait qu'une masse de 90 t, et le vaisseau Apollo complet ne pesait que 45 t ; quant aux laboratoires orbitaux soviétiques Saliout, leur masse ne dépasse pas 20 t.

Fig. 30. *Cet écorché montre clairement les trois éléments de la navette : l'avion-fusée orbital, qui est la partie essentielle, construite pour accomplir au moins 100 aller-retour entre la Terre et l'espace ; l'énorme réservoir extérieur, de 47 m de long pour 8,7 m de diamètre, qui contient les propergols brûlés par les moteurs de l'avion-fusée ; et les deux puissants accélérateurs de décollage à poudre, en forme de crayons, qui contiennent chacun 500 t de propergols solides.*

Des outillages spéciaux pour le réservoir extérieur

L'avion-fusée orbital est l'élément essentiel de la navette. C'est lui qui reçoit un nom : Enterprise, pour le véhicule qui effectua en 1979 les premiers essais d'atterrissage en vol plané, après largage depuis le dos d'un Boeing 747 ; Columbia, pour celui qui accomplit les premiers vols dans l'espace. Cela étant, le superbe avion-fusée ne pourrait se rendre dans le cosmos sans l'aide des autres éléments de la navette : le réservoir extérieur, et les propulseurs d'appoint.

Le réservoir extérieur possède une structure extraordinairement légère : 35 t, pour une masse en charge de 738 t, et un volume de 2 000 m³. Il constitue la pièce du diamètre le plus important —

8,7 m — jamais réalisée dans l'industrie aérospatiale mondiale. Pour rouler, comme des cigarettes, les feuilles d'aluminium qui le forment, il a fallu construire des outillages spéciaux.

En dépit de sa légèreté à vide, le réservoir extérieur est l'élément central de la navette. L'avion-fusée orbital est fixé sur son dos, et les propulseurs auxiliaires sont attachés à ses côtés. Au décollage, il contient 100 t d'hydrogène et 600 t d'oxygène liquides, des fluides très « cryogéniques » (voir chapitre 2) qui sont protégés de la chaleur extérieure par une super isolation thermique recouvrant le réservoir. Ces propergols sont envoyés dans les moteurs de l'avion-fusée à raison de 3 000 litres/seconde, par des canalisations de 40 cm de diamètre.

Le réservoir extérieur est largué juste avant la mise sur orbite de l'avion-fusée, lorsque 99,5 % de la vitesse de satellisation (7 800 m/s) est atteinte. De cette manière, l'énorme structure du réservoir ne rentre pas dans l'atmosphère au hasard, à l'issue d'une brève vie orbitale, en parsemant de débris des régions peut-être peuplées. Elle retombe immédiatement sur la Terre au-dessus d'une zone océanique déserte.

Un choix audacieux : d'énormes accélérateurs à poudre

Lorsque la N.A.S.A. annonça sa décision de faire accélérer la navette au décollage par d'énormes propulseurs à propergols solides, la surprise fut grande chez les observateurs. Nous avons en effet souligné (chapitre 2) le manque de souplesse, et le danger inhérent à la manipulation de gros moteurs-fusées à poudre. Ces inconvénients ont écarté les propergols solides de la propulsion de la plupart des fusées spatiales, en dehors de quelques applications à petite échelle : les « boosters » aidant les lanceurs Ariane-3 (chapitre 2) ou Thor-Delta (chapitre 4) au départ. La seule exception notable est la famille des fusées Titan III (chapitre 4), qui fait appel à d'imposants propulseurs à poudre, de 300 t chacun (des moteurs P300 dans la terminologie française). Certes, les moteurs auxiliaires des Titan III n'ont connu aucune défaillance. Tous les essais au sol de propulseurs à poudre de grand diamètre réalisés aux U.S.A. ont réussi. Mais de là à confier à de gros moteurs à poudre la sécurité d'un avion-fusée orbital d'un coût unitaire de 1 milliard de dollars, avec des hommes à bord, il y avait un pas audacieux à franchir.

Un ensemble de plus de 2 000 t

Les accélérateurs de décollage de la navette sont des P500 qui développent chacun 1 215 t de poussée au niveau du sol. On peut saisir l'ampleur du problème industriel posé par leur réalisation si l'on sait que le moteur à propergols solides le plus important construit en France, pour les missiles de la force de frappe, est un P20. La technique utilisée aux États-Unis pour fabriquer des propulseurs à poudre de grand diamètre (3,7 m pour ceux de la navette) consiste à empiler des blocs élémentaires relativement courts. C'est le principe des « moteurs segmentés », qui n'a pas été appliqué pour l'instant en Europe. Il permet d'assembler à la demande des propulseurs de même diamètre, mais plus ou moins lourds et puissants, selon le nombre de « segments ». Les moteurs d'appoint de la navette comprennent onze segments et mesurent 45,5 m de longueur. La poudre utilisée associe un polymère, du perchlorate d'aluminium, de l'aluminium et de l'oxyde de fer. La vitesse d'éjection est de 2 400 m/s au sol, très légèrement inférieure à celle des moteurs Viking 5 d'Ariane. L'indice de structure (16 %) est en revanche nettement moins bon que celui du premier étage d'une fusée à propergols liquides comme Ariane (8,5 %). Cela vient du fait que les moteurs à poudre de la navette possèdent une enveloppe d'acier relativement lourde.

A côté du réservoir extérieur, qui évoque l'aspect d'un gros cigare, les propulseurs de décollage ressemblent à de minces crayons. Ils constituent les colonnes qui supportent le poids total de la navette avant le départ : plus de 2 000 t (113 t pour l'avion-fusée, 738 t pour le réservoir, et 1 166 t pour les moteurs à poudre eux-mêmes). L'ensemble, qui mesure 56 m de hauteur, paraît étonnamment trapu et dissymétrique par rapport aux fusées classiques, très élancées.

D'extraordinaires moteurs-fusées à combustion étagée

Si les accélérateurs à propergols solides de la navette ont des performances moyennes, les moteurs à hydrogène liquide qui équipent l'avion-fusée orbital ont des caractéristiques extraordinaires. Leur vitesse d'éjection, 4 550 m/s dans le vide, dépasse de 100 m/s celle du propulseur J-2 des fusées Saturn, et de 200 m/s celle du moteur HM7 du troisième étage d'Ariane. Ces différences, inférieures à 5 %, peuvent paraître modestes. Mais elles sont fondamentales car une réduction de 5 % de cette vitesse d'éjection se traduirait par une diminution de 25 % de la charge utile nominale de la navette. En outre, les propulseurs de l'avion-fusée, au nombre de trois, sont les moteurs à hydrogène liquide les plus puissants jamais réalisés : leur poussée unitaire dans le vide atteint 207 t, trente fois celle de l'HM7 d'Ariane...

Pour atteindre ce niveau de performance, les ingénieurs américains ont dû recourir à une pression de fonctionnement record : 204 atmosphères, contre 30 seulement pour le propulseur HM7. D'énormes turbopompes, tournant à 60 000 tours/minute, sont nécessaires pour injecter les propergols dans la chambre de combustion sous une pression aussi élevée. Elles ne sont pas entraînées, comme dans les propulseurs classiques — ceux d'Ariane en particulier — par un moteur-fusée auxiliaire qui consomme une petite partie des propergols. Une technique nouvelle, beaucoup plus complexe, a été retenue : celle du moteur-fusée « à combustion étagée ». L'hydrogène liquide, et une petite fraction de l'oxygène liquide, sont d'abord introduits dans deux chambres de précombustion. Les gaz s'échappant de celles-ci mettent en mouvement les turbopompes, puis sont injectés dans la chambre de combustion principale, en même temps que le reste de l'oxygène liquide. De cette manière, la totalité des propergols est utilisée au mieux pour la propulsion*.

Le triomphe de la propulsion à hydrogène liquide

Comme si l'obtention d'une vitesse d'éjection, d'une poussée, d'une pression de fonctionnement records, n'était pas un défi suffisant, la N.A.S.A. a imposé deux autres conditions difficiles aux moteurs de l'avion-fusée orbital : la poussée doit tout d'abord varier entre 50 % et 109 % de sa valeur nominale ; et le moteur doit ensuite servir cinquante-cinq fois avant de nécessiter une révision approfondie. Cette dernière condition est particulièrement sévère : un moteur classique, comme le HM7, fonctionne en tout et pour tout 10 minutes ; le propulseur cryogénique de la navette doit supporter 7 h 30 de combustion...

---

* Les Soviétiques utilisent la « combustion étagée », avec des propergols conventionnels sur leur lanceur lourd D.

Lors d'un départ, les trois propulseurs de l'avion-fusée sont mis à feu les premiers. Après 4 s, ils atteignent 109 % de leur poussée nominale au sol, soit 170 t. Les moteurs à poudre sont alors allumés, et portent instantanément la poussée totale à 2 940 t. C'est l'instant « zéro » de la chronologie : rien ne peut plus empêcher la navette de s'envoler pour l'espace. Deux minutes plus tard, les deux accélérateurs à propergols solides sont éjectés. Les moteurs de l'avion-fusée poursuivent seuls leur travail propulsif, avec une poussée progressivement réduite pour limiter l'accélération à trois fois celle de la pesanteur. Ils s'arrêtent après 520 s de fonctionnement, alors qu'il ne reste plus que 50 m/s à créer pour atteindre la vitesse de satellisation. Le réservoir extérieur est détaché, et l'avion-fusée orbital crée les derniers 50 m/s nécessaires à son insertion sur orbite au moyen de ses deux moteurs de manœuvre, qui développent chacun 2,7 t de poussée.

Sans la propulsion à hydrogène liquide, la conquête de la Lune aurait exigé une fusée beaucoup plus lourde que la Saturn 5 (chapitre 3). Mais sans cette technique, la navette spatiale à un étage aidé par des propulseurs d'appoint, telle que l'ont conçue les Américains, aurait été irréalisable. L'avion-fusée orbital représente le triomphe de la propulsion cryogénique. Avec son réservoir extérieur, il constitue dans la terminologie française, un étage H700 (H pour hydrogène) avec trois moteurs HM 207 (HM pour moteur à hydrogène). Le progrès est fantastique par rapport à l'Atlas-Centaur de 1962 ; le Centaur est en effet un étage H 10, avec ses deux moteurs HM7. Et l'on peut mesurer l'écart existant avec la technologie européenne si l'on se souvient que le troisième étage d'Ariane est comparable au Centaur.

La « brique volante »

La mise au point des moteurs à hydrogène liquide est le premier grand défi technologique de l'avion-fusée orbital. Le second est le retour de l'espace : le véhicule doit supporter sans dommage un freinage aérodynamique qui l'amène en une demi-heure de 28 000 km/h à 385 km/h, et se poser en vol plané exactement sur la piste prévue après un trajet de 8 000 km à travers l'atmosphère. Certes, les États-Unis possédaient, comme l'Union soviétique, l'expérience de la récupération de véhicules spatiaux habités. Mais il y a peu de rapport entre une cabine Apollo de 6 t, qui rentre dans l'at-

Fig. 31. *Après avoir légèrement freiné sa course, l'avion-fusée a quitté son orbite autour de la Terre, et pénètre dans les couches denses de l'atmosphère à 28 000 km/h. Certaines parties de sa surface sont portées « au rouge », à une température de plus de 1 260° C, sous l'effet du frottement aérodynamique. Fort heureusement, le véhicule est protégé par une couverture de briques réfractaires.*

mosphère un peu comme un boulet avant de se poser en mer au bout d'un parachute, et un avion orbital de 90 t, qui doit atterrir comme un planeur. Les problèmes soulevés étaient formidables, à la fois sur les plans de la protection thermique, du vol hypersonique à une vitesse jamais explorée, et du guidage.

Un véhicule se déplaçant à 28 000 km/h possède une énergie cinétique suffisante pour porter plusieurs fois son poids d'eau à ébullition. Cette énergie considérable doit être dissipée par frottement contre les couches denses de l'atmosphère, essentiellement entre 120 et 40 km d'altitude, de manière qu'une quantité minimum de chaleur pénètre dans l'engin. Dans les vaisseaux classiques

Apollo ou Soyouz, la protection thermique est assurée par ablation : un matériau plastique s'évapore en absorbant le flux de chaleur. Pour l'avion-fusée orbital, qui doit être réutilisé au moins cent fois, un bouclier ablatif n'est pas concevable : sa substance devrait être renouvelée à chaque mission. Une protection réutilisable a donc été mise au point. Elle se compose de 34 250 briques isolantes carrées, découpées puis collées chacune à une place précise pour épouser la forme de l'avion-fusée. Ces briques en fibres de silice protègent toutes les parties du véhicule où la température atteint de 450° C à 1260° C. Les zones plus exposées (le nez et le bord d'attaque des ailes) font l'objet d'une couverture spéciale en fibres de carbone. Quant aux parties qui s'échauffent le moins, les portes de la soute sur le dos de l'appareil notamment, elles sont couvertes d'un feutre isolant. Le pare-brise et les hublots sont en verre réfractaire.

Au total, l'avion-fusée porte 7,2 t de protection thermique, ce qui lui vaut le surnom de « brique volante ». Très isolantes, les briques protectrices sont très fragiles sur le plan mécanique. Elles devraient peu à peu être endommagées, mais les spécialistes de la N.A.S.A. espèrent que 1,5 % d'entre elles seulement en moyenne devront être changées après chaque vol.

Charge utile maximum : 29 500 kg

Les performances nominales de la navette spatiale sont définies pour un tir vers l'est à partir de Cap Canaveral, sur une orbite de 300 km d'altitude inclinée à 28,5° sur l'équateur. Dans ces conditions, la charge utile est de 29 500 kg, avec un équipage de deux astronautes restant un jour dans l'espace. Cette charge utile est très importante : de tous les lanceurs réalisés dans le monde, seule la Saturn 5 avait une capacité supérieure. La plus puissante fusée soviétique en service, le lanceur D, ne satellise que 22 t près de la Terre. En outre, il faut souligner que les vastes dimensions de la soute de l'avion-fusée offrent d'excellentes conditions pour disposer des charges non seulement lourdes, mais volumineuses.

En dépit de son importance, la charge utile de la navette ne représente qu'environ le quart de la masse satellisée : 113 t avons-nous indiqué précédemment. Cette remarque est essentielle, car elle explique pourquoi les performances du véhicule se dégradent très rapidement dès que l'on s'écarte de l'orbite nominale. Considérons, par exemple, le cas d'une trajectoire polaire à 300 km d'altitude. Du fait de la perte du « coup de pouce » gratuit de la rotation terrestre (voir chapitre 2), la masse satellisable est réduite de 10 %, elle n'est plus que de 102 t. Mais comme l'avion-fusée lui-même ne peut être allégé, c'est la charge utile qui supporte toute la réduction de 11 t : elle est ramenée à 18 t seulement, ce qui représente une réduction relative de 40 %...

Le problème est encore plus sérieux si la navette doit s'élever à plus de 300 km d'altitude : pour une trajectoire circulaire à 1 200 km d'altitude, inclinée à 28,5° sur l'équateur, la charge utile est nulle (tableau 15). Sauf mission exceptionnelle, comme la satellisation du télescope spatial en 1985 à 500 km d'altitude, l'avion-fusée se limitera donc aux trajectoires orbitales proches de la Terre.

	Inclinaison du plan de l'orbite sur l'équateur		
Altitude	28,5°	90°	104°
300 km	29,5 t	18 t	15 t
500 km	25 t	10 t	8 t
800 km	17 t	4 t	inaccessible
1 000 km	10 t	inaccessible	ˮ
1 200 km	inaccessible	ˮ	ˮ

Tableau 15 : Charge utile de la navette spatiale pour une orbite circulaire, en fonction de l'altitude et de l'inclinaison du plan de l'orbite sur l'équateur. L'inclinaison de 28,5° correspond à un tir vers l'est depuis Cap Canaveral. Les trajectoires inclinées à 90° (orbite polaire) et 104° (orbite héliosynchrone) seront atteintes à partir de la base de Vandenberg, en Californie. On remarque la rapide dégradation des performances de la navette quand l'altitude ou l'inclinaison de l'orbite augmentent.

Lorsqu'un satellite transporté dans la soute aura besoin de gagner une orbite plus haute, il devra posséder un système de propulsion propre. Ce sera par exemple le cas des plates-formes civiles d'observation de la Terre, qui tournent à 800 km d'altitude sur des trajectoires héliosynchrones inclinées à 103° sur l'équateur. Ariane, en revanche, pourra satelliser directement ces plates-formes.

Un deux-pièces en duplex pour dix personnes

La navette n'est pas seulement un moyen de transport de matériel sur orbite basse. C'est aussi un véhicule spatial piloté. Cette dualité n'était pas obligatoire : un lanceur réutilisable pourrait très bien être automatique. Mais la N.A.S.A. a toujours accordé une très grande importance à la présence de l'homme dans l'espace, même si cette présence ne se justifie pas uniquement par des critères rationnels. Le prestige, une certaine vision de l'avenir de l'astronautique, des considérations militaires, jouent un rôle dans ce choix, qui n'a jamais été débattu au fond. Il ne faut pas oublier que dans l'esprit des responsables de la N.A.S.A., la navette reste associée à l'établissement d'une station orbitale habitée en permanence.

Fig. 32. *D'un volume de 70 m³, la cabine de la navette spatiale peut recevoir normalement sept astronautes, et dix en cas de nécessité. Sa partie supérieure est occupée par le poste de pilotage, et sa partie inférieure par la pièce de séjour. Celle-ci comprend un sas qui permet à deux astronautes revêtus de scaphandre de sortir dans l'espace.*

La cabine, répartie sur deux niveaux, offre un volume habitable de 70 m³. Elle est dix fois plus grande que celle d'un vaisseau Apollo et presque aussi importante que l'habitacle d'un laboratoire orbital soviétique Saliout (100 m³). Le niveau supérieur est occupé par le poste de pilotage. Quatre astronautes peuvent y trouver place : le pilote et le copilote installés sur les deux sièges avant, face à un large pare-brise offrant une visibilité incomparable sur la Terre et l'espace ; le responsable des opérations de rendez-vous et d'amarrage dans l'espace, qui dispose d'un hublot pratiqué dans le plafond du cockpit ; et le « spécialiste de la mission », assis à côté d'une fenêtre donnant sur la vaste soute arrière, et chargé des opérations concernant les satellites ou les appareillages transportés par la navette.

Astronautes et ordinateurs

Le second niveau de la cabine, sous le poste de pilotage, est la pièce de séjour, avec toutes les commodités nécessaires à l'existence de l'équipage : table, cuisine, toilettes. Trois sièges peuvent y être installés pour trois astronautes supplémentaires : les « spécialistes de la charge utile », dont le rôle est, éventuellement, de mettre en œuvre des équipements spéciaux installés dans la soute, comme le laboratoire Spacelab par exemple. L'équipage de l'avion-fusée peut ainsi se monter à sept astronautes. En cas de nécessité impérieuse — une mission de secours —, il pourrait même atteindre dix personnes.

Les quatre astronautes occupant au départ le poste de pilotage sont obligatoirement des professionnels. Les trois « spécialistes de la charge utile », en revanche, pourraient être en principe des astronautes « temporaires », n'ayant subi que quelques mois d'entraînement : des scientifiques accompagnant dans l'espace une expérience qu'ils ont préparée, par exemple. Cette possibilité résulte des conditions de vol assez confortables offertes par l'avion-fusée orbital : atmosphère de composition et de pression normales ; accélérations limitées à moins de trois fois celle de la pesanteur (3 g) lors des phases de mise sur orbite et de retour. En pratique, cependant, cette ouverture de l'espace à des « amateurs » risque de rester très réduite.

Le pilote et le copilote disposent de toutes les informations et de toutes les commandes pour intervenir si nécessaire dans le

Fig. 33. *John Young et Robert Crippen, respectivement pilote et copilote lors du premier vol de la navette spatiale, sont ici aux commandes de leur avion-fusée.*

contrôle des deux phases les plus délicates du vol : la montée vers l'orbite et le retour sur Terre. Mais les cinq ordinateurs principaux de l'avion-fusée sont capables de diriger l'ensemble des opérations depuis la préparation du départ jusqu'à l'immobilisation sur la piste d'atterrissage. Quatre de ces ordinateurs fonctionnent « en parallèle » de façon redondante, et le cinquième n'interviendrait qu'en cas de défaillance généralisée des autres.

Cap Canaveral, « spatioport »

Pour la mise en œuvre de la navette à Cap Canaveral, les Américains réutilisent la plupart des installations gigantesques du complexe 39, construites pour le programme Apollo. Le bâtiment d'Assemblage Vertical (V.A.B.), qui fut longtemps le bâtiment le plus volumineux du monde, sert à l'intégration de l'ensemble de la navette — avion-fusée, réservoir extérieur, accélérateurs à poudre — sur sa table de lancement mobile. Une petite construction lui a été

Fig. 34. *Le « complexe 39 » de Cap Canaveral, construit pour le programme Apollo, a été reconverti pour la mise en œuvre de la navette. On aperçoit au premier plan une petite partie du V.A.B., le bâtiment d'assemblage vertical, et dans le lointain le site de lancement. Entre les deux, une large route sur laquelle s'engage la navette portée par un monstrueux véhicule à chenille, le Crawler.*

adjointe : l'installation de préparation de l'avion-fusée orbital (O.P.F. pour « Orbiter Processing Facility »), où celui-ci est contrôlé et remis en état de vol après son atterrissage. Les monstrueux véhicules à chenille Crawler, qui transportaient les Saturn V assemblées du V.A.B. au site de lancement, ont été reconvertis pour porter la navette spatiale. Quant au pas de tir disponible (le pas 39A), il a été équipé d'une structure tournante qui peut venir s'appliquer sur le dos de l'avion-fusée, pour permettre aux techniciens d'intervenir sur la charge utile quelques heures seulement avant le lancement.

La grande nouveauté est la présence d'une immense piste d'atterrissage en béton : 4 500 m de long pour 90 m de large sur laquelle se poseront les avions-fusées au retour de leurs vols opérationnels. Avec la navette, Cap Canaveral n'est plus seulement un

Fig. 35. *Sa mission spatiale achevée, l'avion-fusée orbital s'apprête à atterrir en vol plané sur la grande piste de béton aménagée à Cap Canaveral. Cette piste de 90 m de large s'étend sur 4 500 m de longueur.*

cosmodrome d'où s'élancent les fusées porteuses d'engins spatiaux. C'est un véritable « spatioport », où les avions-fusées orbitaux reviennent une fois leur mission accomplie, sont remis en état, reçoivent une nouvelle charge utile, et repartent pour le cosmos.

Les préparatifs pour un nouveau départ : deux semaines seulement ?

Les opérations sont naturellement beaucoup plus complexes que celles qui se déroulent sur un aéroport : la navette ne se met pas encore en œuvre comme un avion de ligne. Mais la N.A.S.A. espère réduire à deux semaines l'intervalle séparant la fin d'une mission du début de la suivante. Cet intervalle est « le temps de rotation » de la navette. Il comprendrait 160 h de travail effectif :

● 1 h pour la réception de l'avion-fusée orbital après son atterrissage (inspection, mise en place des moyens de traction, changement d'équipage) ;

- 96 h pour la maintenance de l'avion-fusée dans le bâtiment O.P.F., et l'installation de la nouvelle charge utile ;

- 5 h pour la préparation de l'assemblage des trois parties de la navette (avion-fusée, réservoir extérieur, accélérateurs à poudre) ;

- 34 h pour l'assemblage de la navette en position verticale dans le V.A.B. ;

- 24 h de préparation au tir (transport sur le site de lancement, remplissage des réservoirs, installation de l'équipage). Le compte à rebours proprement dit dure 2 h 30.

La commande et le contrôle des opérations amenant la navette en l'état d'être lancée sont effectués en grande partie par les ordinateurs de l'avion-fusée. De cette manière, la participation du centre de contrôle au sol est réduite : 28 personnes seulement travaillent dans ce centre avant un tir de navette, contre 450 pour un lancement de Saturn V au moment du programme Apollo. La simplification des procédures est considérable. L'objectif de deux semaines pour le temps de rotation paraît cependant extrêmement optimiste. Le volume de travail à accomplir sur la navette entre deux vols sera en pratique beaucoup plus important que les 160 h prévues, avec la participation de dizaines de techniciens se relayant suivant le système des 2 × 8 h (pour l'assemblage), ou même des 3 × 8 h (sur le pas de tir).

De la navette au Système de Transport Spatial (S.T.S.)

La navette est un véhicule remarquable pour placer des charges utiles lourdes et des hommes sur orbite basse. Mais, elle ne constitue pas un « Système de Transport Spatial » (S.T.S.) complet dans la mesure où elle n'accède pas aux trajectoires s'éloignant à plus de 1 200 km de la Terre. En attendant un hypothétique « remorqueur spatial », qui étendrait le concept de réutilisabilité à l'ensemble du transport dans le cosmos (voir chapitre 6), les Américains ont dû développer des étages supérieurs classiques, « consommables », pour compléter la navette.

Ces étages supérieurs sont au nombre de trois. Les deux premiers, les P.A.M. A et D ont été conçus. pour répondre à la demande des utilisateurs commerciaux du nouveau transport spatial (chapitre 1). Le troisième, l'I.U.S., répond aux besoins du Département de la Défense (D.O.D.) des États-Unis, mais pourra aussi servir à des applications civiles. Leurs capacités permettront à la navette de lancer toutes les catégories de satellites géostationnaires en développement en 1981. De cette manière, les U.S.A. disposeront d'un S.T.S. intérimaire complet, et la navette pourra, en principe, remplacer toutes les fusées classiques de l'arsenal américain.

Du mauvais usage d'un extraordinaire lanceur

Cela étant, ces trois étages constituent un bien mauvais complément de la navette spatiale. Ils brûlent des propergols solides offrant une vitesse d'éjection très modeste : 3 000 m/s, et leur charge utile est relativement faible. En remplissant sa soute avec quatre PAM-D, la navette pourra placer sur orbite géostationnaire quatre satellites totalisant 2 t de charge utile. Avec des étages supérieurs à hydrogène liquide de haute performance, elle pourrait placer 8 000 kg sur cette même trajectoire.

La situation est paradoxale. Les États-Unis ont investi 12 milliards de dollars pour construire un extraordinaire lanceur réutilisable, et ils se servent de ce lanceur à 25 % de ses possibilités pour le nouveau transport spatial. En fait, ce paradoxe n'est qu'apparent : c'est parce que la navette était très chère que la N.A.S.A. n'a pas eu les moyens de lui offrir tout de suite des étages supérieurs dignes d'elle. Ce n'est d'ailleurs pas la N.A.S.A. qui a développé les P.A.M.-A et D, et l'I.U.S., mais des compagnies privées et le D.O.D.

La situation pourrait s'améliorer vers 1985, si la N.A.S.A. obtient l'autorisation de construire une version de l'étage Centaur adaptée à la navette spatiale. Cet étage, le premier dans le monde à avoir consommé de l'hydrogène liquide dès 1962, placerait 6 000 kg sur orbite géostationnaire. Il enverrait aussi plus de 2,5 t vers Jupiter, et c'est pour cet usage interplanétaire qu'il serait développé. La N.A.S.A., en effet, manque d'un étage supérieur de puissance suffisante pour lancer en 1985 la sonde Galileo, qui doit se satelliser autour de Jupiter, et faire descendre une capsule dans l'atmosphère de cette planète.

Les atouts de la navette

Avec ses différents étages supérieurs, la navette répond, comme Ariane, aux besoins du nouveau transport spatial. Nous avons vu (chapitre 1) que son avantage économique par rapport au lanceur européen était faible dans ce domaine. Mais la navette n'a-t-elle pas de sérieux atouts à faire valoir — en dehors des questions de prix —, dans sa concurrence avec Ariane pour le lancement des satellites commerciaux géostationnaires ? Trois éléments peuvent jouer en faveur du moyen de lancement américain :

• la fiabilité presque totale de la navette spatiale. Les Américains avaient deux raisons de soigner particulièrement la sécurité de l'avion-fusée : la présence d'astronautes tout d'abord, et ensuite le coût du véhicule, construit pour servir au moins cent fois. La N.A.S.A. peut garantir à 100 % une satellisation sur orbite basse (en cas de lancement avorté, elle offre un autre lancement gratuit). Cet argument doit cependant être pondéré par une remarque : le travail de la navette est complété par celui d'un étage supérieur classique, dont la fiabilité n'est pas de 100 %. Cet avantage ne s'avérera conséquent que si Ariane ne démontre pas une sécurité suffisante ;

• le diamètre important de la soute de la navette — 4,5 m — qui permet le transport de satellites volumineux. La coiffe des versions Ariane-1, 2 et 3 est nettement moins large : 3,2 m seulement, mais un net progrès sera accompli avec Ariane-4 (4 m de diamètre) ;

• les capacités de transport élevées de l'I.U.S. et du Centaur : respectivement 2,2 t et 6 t placées sur orbite géostationnaire. Seule la version Ariane-4, qui lancera des satellites géostationnaires d'environ 2 t, rejoindra la capacité de l'I.U.S. Quant aux possibilités du Centaur, elles sont inégalables avant longtemps par les Européens. Pour Ariane, le risque est que de nouvelles classes de satellites géostationnaires apparaissent, plus lourdes, plus volumineuses, et tirant parti de toutes les capacités de l'I.U.S. d'abord, du Centaur plus tard. Ce risque est cependant limité : d'une part, Ariane-4 améliorée pourra concurrencer l'I.U.S. ; d'autre part, seuls les États-Unis auront, à moyen terme, besoin de plates-formes de télécommunications très lourdes, et le marché international restera adapté aux possibilités de la filière Ariane.

De nouvelles activités : maintenance et assemblage des satellites

Les différents atouts que nous venons d'énumérer reposent sur les qualités de la navette en tant que moyen de transport spatial. Mais, à plus long terme, d'autres atouts peuvent découler des capacités uniques de l'avion-fusée comme moyen d'action dans l'espace. La navette, en effet, peut manœuvrer sur orbite, rejoindre un satellite ou une plate-forme, et faire intervenir son équipage. Ces possibilités autorisent deux nouveaux types d'activités spatiales :

● la récupération de satellites tombés en panne, ou dont l'appareillage a vieilli. Ces engins pourraient être ramenés à Terre, ou bien faire l'objet d'une réparation ou d'une cure de jouvence dans l'espace même, grâce au travail d'ouvriers astronautes.

Fig. 36. Grâce à un bras articulé de 15 m de long, doté d'une extrémité préhensible, un astronaute peut commander à distance, depuis le poste de pilotage, la manipulation de charges utiles. Il peut s'agir, comme sur ce dessin de prendre un satellite dans la soute et de le placer dans l'espace. Mais l'opération pourrait très bien être réalisée en sens inverse : récupérer un satellite dans l'espace et le placer dans la soute pour le ramener sur Terre. C'est là une des possibilités nouvelles offertes par la navette.

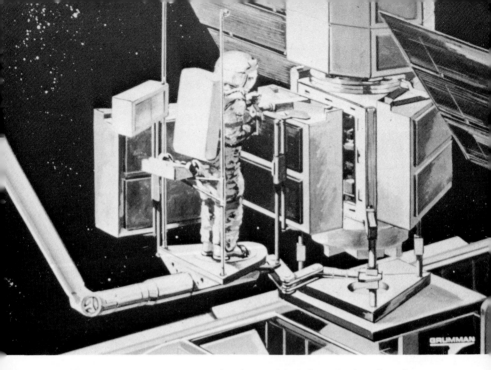

Fig. 37. *Un astronaute en scaphandre procède à des opérations de maintenance sur un satellite fixé sur une plate-forme attachée à la navette.*

● l'assemblage de structures de grandes dimensions (plusieurs dizaines ou centaines de mètres). En combinant le travail d'astronautes et de machines automatiques, il serait possible d'assembler sur orbite des structures étendues à partir de matériaux transportés sous forme compacte dans la soute de la navette, en un ou plusieurs voyages. Cela pourrait, par exemple, être intéressant un jour pour construire de grandes plates-formes de télécommunications, sur lesquelles seraient fixées les charges utiles appartenant à de nombreux clients. Une seule plate-forme pourrait remplacer un grand nombre de satellites, ce qui limiterait l'occupation de l'orbite géostationnaire. D'autres applications sont envisageables : grandes antennes de télécommunications, radars, radiotélescopes.

Un défi américain à long terme

Ces nouvelles possibilités vont sans doute se développer rapidement dans l'espace proche de la Terre qui est le domaine d'intervention prévilégié de la navette. Elles pourraient s'appliquer à l'observa-

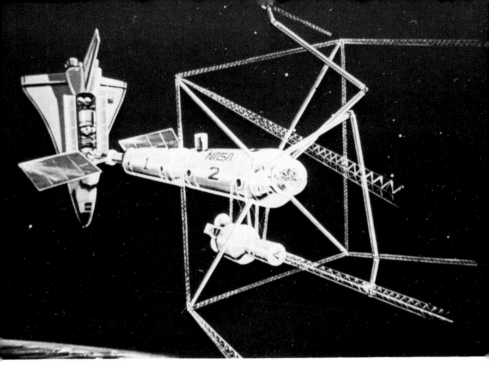

Fig. 38. *La navette spatiale pourrait expérimenter l'assemblage sur orbite de structures de grandes dimensions (des dizaines ou des centaines de mètres). Ces structures pourraient servir d'armatures pour de grandes antennes : radars, radiotélescopes, relais de télécommunications avancés.*

tion de la terre (récupération de satellites de télédétection), aux expériences scientifiques (rajeunissement périodique du Télescope spatial par exemple), mais surtout aux activités spatiales militaires. Celles-ci représentent plus de la moitié de l'effort spatial américain, et elles se déroulent en majorité sur des orbites basses.

En revanche, ni la maintenance des satellites, ni l'assemblage de grandes plates-formes, n'auront d'impact sur l'astronautique commerciale — presque totalement géostationnaire — avant 1995 ou 2000. Pour qu'il en soit autrement, il faudrait que la N.A.S.A. dispose de son « remorqueur spatial » réutilisable, seul capable d'étendre ces nouvelles activités de service à 35 800 km d'altitude. Or ce remorqueur n'apparaîtra pas de si tôt pour des raisons budgétaires. En outre, des satellites « réparables » doivent être conçus spécialement, d'une manière modulaire, et ce changement de philosophie ne peut pas intervenir du jour au lendemain. Un délai d'une dizaine d'années au moins est nécessaire.

A moyen terme, le marché d'Ariane n'est donc pas menacé par le développement des techniques de maintenance et d'assemblage. Cela étant, l'objectif américain est clair : transformer toutes les activités spatiales pour les rendre tributaires des capacités uniques de la navette. Les expériences scientifiques et militaires seront les premières touchées. Mais l'astronautique commerciale, même géostationnaire, ne restera pas toujours à l'écart de ce changement, et il appartient à l'Europe de préparer sa réponse, dans le long terme, à ce défi américain.

Du Spacelab au Centre d'Opérations spatiales

La navette constitue une base expérimentale pour l'exploration d'activités nouvelles, comme la maintenance ou l'assemblage, mais aussi la recherche spatiale à partir d'un laboratoire habité. A cet égard, le laboratoire Spacelab, construit par l'Agence spatiale européenne, joue un rôle essentiel. Installé dans la soute de l'avion-

fusée orbital, c'est un centre d'études pluridisciplinaire, où peuvent travailler trois ou quatre personnes : « le spécialiste de la mission » et deux ou trois « spécialistes de la charge utile », dont éventuellement un étranger ; c'est dans ce cadre qu'un astronaute européen effectuera un voyage spatial d'une semaine en 1983. La quantité d'instruments emportée par le Spacelab est considérable : de 5,5 t à 9 t, selon la configuration du laboratoire, qui est modulaire.

Les séjours spatiaux de la navette sont cependant très limités : sept jours avec quatre personnes à bord dans les conditions normales, vingt-neuf jours au maximum avec sept astronautes avec des réserves supplémentaires de vivres et d'énergie. Le recours à des panneaux solaires permettrait d'allonger sensiblement cette durée : jusqu'à trois mois. On peut toutefois se demander si la N.A.S.A. aura jamais le loisir de divertir un avion-fusée de ses fonctions prioritaires de transport au profit de missions scientifiques, techniques, ou même militaires, de très longue durée.

La solution de ce dilemme est naturellement la station orbitale permanente, desservie par la navette, mais indépendante de celle-ci pour son fonctionnement. Cette station serait un Centre d'Opération spatiale (S.O.C.), aux activités multiples. Le problème est de justifier l'établissement, onéreux, de cette base dans l'espace proche de la Terre. Les opérations de maintenance, d'assemblage, plus tard de ravitaillement de remorqueurs spatiaux, la recherche scientifique et technique, suffiront-elles à cette justification ? Aidées par des préoccupations militaires, cela est tout à fait possible. Mais l'espoir de la N.A.S.A. est d'étendre les activités du S.O.C. au domaine commercial, avec la production en apesanteur d'objets, de cristaux ou de substances impossibles ou difficiles à obtenir sur Terre. Ce secteur de « l'élaboration des matériaux dans l'espace » va faire l'objet de recherches importantes à bord du Spacelab. Pour l'instant, cependant, il reste tout à fait spéculatif.

◁ Fig. 39. *Le Spacelab est un laboratoire scientifique construit par l'Agence spatiale européenne (E.S.A.) pour être utilisé avec la navette spatiale. Il est installé dans la soute de l'avion-fusée, dont il dépend pour son alimentation en énergie, son refroidissement, l'hébergement de son équipage. Les grands axes de recherche du Spacelab sont la médecine spatiale, l'astrophysique, la géophysique, la télédétection, l'élaboration des matériaux dans l'espace. Le premier vol du Spacelab aura lieu en 1983.*

Fig. 40. *L'objectif de la N.A.S.A. est de mettre en place d'ici 1990-1995, d'une manière évolutive, une véritable station orbitale modulaire, qui ne serait pas seulement un laboratoire, mais un « centre d'opération dans l'espace ».*

L'exploitation de la navette : de nombreuses inconnues

A long terme, la navette pourrait transformer les activités spatiales. Mais à court terme, son problème est de répondre à la demande de transport vers le cosmos qui va se manifester dans les prochaines années. Or il n'est pas évident qu'elle y parvienne. L'exploitation opérationnelle de la navette présente en effet de nombreuses inconnues.

Fig. 41. *L'exploitation opérationnelle de la navette spatiale comporte beaucoup d'inconnues. Quel sera, en particulier, le coût de remise en état, et le nombre de réutilisations possibles, des accélérateurs à poudre ? Ceux-ci sont éjectés par la navette à 50 km d'altitude, à 5 000 km/h et ils retombent dans l'océan. Leur chute est freinée par des parachutes, mais il n'est pas possible d'éviter une certaine détérioration. Les accélérateurs sont récupérés en mer, et remorqués jusqu'au cosmodrome, où ils sont remis en état.*

En principe les États-Unis vont disposer d'une flotte de quatre avions-fusées orbitaux.

- Columbia, qui a accompli son premier vol le 12 avril 1981 ;
- Challenger, qui sera livré en juin 1982 ;
- Discovery, disponible en septembre 1983 ;
- Atlantis, prêt en décembre 1984.

A partir de 1985, ces véhicules devraient assurer un trafic spatial scientifique, commercial, militaire qui devrait dépasser 50 lancements par an, même en supposant qu'Ariane prenne une partie importante du marché international de l'astronautique commerciale.

Mais de multiples questions se posent :

- le « temps de rotation » d'un avion-fusée orbital pourra-t-il être vraiment réduit à deux semaines ? Les projections les plus optimistes font actuellement état d'un temps de travail effectif de 280 heures, au lieu de 160 heures, et d'un temps de rotation de

5 semaines. De ce fait, chaque avion-fusée n'accomplirait que 10 vols au plus par an. Le trafic total ne dépasserait pas 40 lancements ;

• les installations des centres de lancements seront-elles suffisantes ? Avec 2 tables de lancement mobile et 2 sites de tir, la capacité de Cap Canaveral serait inférieure à 20 lancements par an. Celle de la base de Vandenberg ne dépasserait pas 15. Total : au plus 35 vols par an ;

• la remise en état des accélérateurs à poudre se fera-t-elle comme prévu ? Si elle était impossible, la production des accélérateurs limiterait le nombre de tirs à 2,5 par an ! Cela ne sera certainement pas le cas. Mais de toute façon, ce facteur ne permettrait pas de dépasser 20 tirs par an.

De la place pour les fusées classiques

Avec une flotte de quatre avions-fusées orbitaux, les Américains ne pourront sans doute pas faire face à leurs propres besoins. Il leur faudra soit continuer l'exploitation des lanceurs classiques Thor-Delta, Atlas-Centaur et Titan III, soit construire au moins trois avions-fusées supplémentaires. En outre, qu'adviendrait-il en cas de perte par accident d'un avion-fusée orbital ? Même avec une fiabilité très élevée, la catastrophe ne peut jamais être exclue. La prudence voudrait que des méthodes classiques de lancement restent opérationnelles pendant de nombreuses années.

Manifestement, les fusées porteuses classiques coexisteront longtemps avec la navette spatiale. Les utilisateurs du nouveau transport spatial en sont bien conscients, qui demandent dans leurs appels d'offres que les satellites proposés soient compatibles à la fois avec la navette, une fusée classique américaine, et... Ariane !

VI

DEMAIN LES FUSÉES

Ariane et la navette sont les grands lanceurs occidentaux des années 1980. Mais quelles seront les fusées des années 1990 ? La réponse est presque certaine : ce seront encore Ariane et la navette. Comme nous l'avons souligné, la longévité des moyens de lancement spatiaux est considérable : vingt ans au moins, et peut-être même quarante ans dans certains cas, comme celui de la fusée A soviétique, qui après avoir satellisé Spoutnik 1, pourrait bien servir jusqu'en l'an 2000. Ariane et la navette ne feront pas exception : elles seront encore en service au seuil du troisième millénaire. Longévité ne signifie pas cependant immuabilité. Un moyen de lancement évolue continuement, pour intégrer des progrès techniques, et pour suivre, voire précéder, les besoins du transport spatial. Après les modèles Ariane-1, 2, 3 et 4 des années 1980, d'autres versions suivront. Quant à la navette, elle sera complétée peu à peu par d'autres éléments : remorqueurs spatiaux, véhicules habités de transferts interorbitaux, lanceurs lourds, pour constituer un « système de transport spatial » (S.T.S.), permettant des aller-retour entre la Terre et n'importe quelle destination de l'espace circumterrestre.

Deux impératifs : abaisser les coûts, accroître la charge utile
Pour la filière Ariane, l'évolution amorcée avec les versions Ariane 1 à 4 se poursuivra sans doute : il s'agit d'augmenter la capacité du lanceur tout en abaissant le prix du transport du kilo-

gramme de charge utile. Au-delà d'Ariane-4, mise en service en 1985, deux voies sont possibles. La première est celle de la poursuite du changement progressif, sans bouleversement majeur de la structure des trois étages : allongement des réservoirs, accroissement de la poussée des moteurs, augmentation de la puissance et du nombre des accélérateurs. La seconde voie consiste à procéder à des modifications profondes, en s'inspirant peut-être de techniques utilisées pour la navette : réutilisabilité de certains équipements ; recours beaucoup plus large à l'hydrogène liquide, qui ne sert que dans le troisième étage des premières versions d'Ariane.

En ce qui concerne la réutilisabilité, il n'est pas question de récupérer le second ou le troisième étage de la fusée, largués à des altitudes et des vitesses trop élevées. Le premier étage, qui se sépare à 50 km d'altitude et à une vitesse de 1 800 m/s (6 500 km/h) pourrait en revanche être repêché en mer à 350 km au large de Kourou, — à la manière des « boosters » de la navette —, et remis partiellement en état. Il faudrait pour cela qu'il soit équipé de parachutes. L'économie potentielle est appréciable car cet étage représente 45 % du prix total du véhicule. Des essais sont prévus dès le septième vol d'Ariane, et des récupérations opérationnelles pourraient intervenir à partir de 1983. Ultérieurement, dans des versions futures d'Ariane, un premier étage pourrait être spécialement conçu en vue d'une réutilisation, avec en particulier des rétrofusées amortissant le contact avec la surface terrestre.

Le moteur HM60 : hydrogène liquide et haute pression

Pour ce qui est du recours accru à l'hydrogène liquide, un pas important a été entrepris en 1981 avec la décision d'étudier le moteur HM60. Il s'agit d'un propulseur de forte poussée, 60 t, brûlant de l'oxygène et de l'hydrogène liquides sous une pression de combustion élevée : 100 à 120 atmosphères. Certes, ce n'est pas encore le moteur principal de la navette, avec ses 207 t de poussée, ses 204 atmosphères de pression de fonctionnement et sa combustion étagée. Mais le progrès serait très important par rapport au HM7 du troisième étage d'Ariane. Après une phase de définition de 3 ans, le développement du propulseur HM60 durerait 6 ans, de 1984 à 1990.

Le concept de la version Ariane 5, étudié en 1979-1980, permet de se faire une idée de ce qu'apporterait l'utilisation du mo-

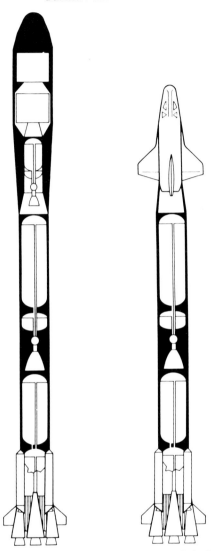

Fig. 42. *Concept d'une variante à moyen terme (1990) de la fusée Ariane : la version Ariane-5, équipée d'un second étage H55 consommant de l'oxygène et de l'hydrogène liquides. Ariane-5 pourrait placer 10 t de charge utile sur orbite basse, ce qui lui permettrait éventuellement de satelliser un petit avion spatial piloté, Hermès (dessin de droite). Avec un troisième étage H15, elle lancerait 5,5 t en direction de l'orbite géostationnaire (dessin de gauche).*

teur HM60. Il s'agit d'un lanceur utilisant le même premier étage qu'Ariane-4, mais un second étage cryogénique H55 (55 t de propergols) propulsé par le HM60. Cette combinaison placerait 10 t de charge utile sur orbite basse, et, avec un troisième étage H15, enverrait 5,5 t vers l'orbite géostationnaire. A plus long terme, on peut songer à une évolution encore plus radicale vers l'emploi de l'hydrogène liquide, avec une fusée utilisant ce combustible dans tous ses étages, y compris le premier.

Ariane sur le terrain de la navette

Dans sa compétition avec la navette, la filière Ariane s'est placée sur un terrain qui lui est très favorable : celui des lancements de satellites commerciaux vers l'orbite géostationnaire. Dans ce domaine, la compétitivité de la fusée européenne devrait se maintenir assez aisément au prix d'une évolution continue, sans rupture technique, avec des versions améliorées d'Ariane-4, et ce jusqu'à la fin du siècle. La situation serait différente si les Européens décidaient de se placer aussi sur le terrain privilégié de la navette : les orbites basses. Dans ce cas, des versions beaucoup plus puissantes, au moins de la catégorie Ariane-5, seraient peut-être nécessaires.

Mais pourquoi l'Europe chercherait-elle à développer ses activités sur orbite basse, alors même que nous avons souligné (chapitre 1) le manque d'intérêt commercial de ces trajectoires ? Il pourrait s'agir de répondre au défi de la navette, qui ne porte pas seulement sur la capacité de lancement, mais sur la conduite d'opérations nouvelles dans l'espace : maintenance, assemblage, élaboration de matériaux en microgravité (chapitre 5). Bien exploitées, ces possibilités nouvelles pourraient créer un marché pour de lourdes plates-formes de télécommunications assemblées près de la Terre, et envoyées ensuite vers leur destination géostationnaire ; ou bien pour des mini-usines spatiales.

Homme ou robot ?

La réalisation de lanceurs très performants pour les satellisations sur orbite basse ne serait qu'un des éléments de la réponse à ce défi américain : la partie transport spatial. Les autres éléments devraient être des moyens d'intervention sur orbite, faisant pendant aux capacités opérationnelles de la navette et de la station orbitale S.O.C. que la N.A.S.A. espère construire. Mais avant de concevoir ces éléments, il faut répondre à une question fondamentale : homme ou robot ? Pour les États-Unis, qui ont levé l'option « homme dans l'espace » depuis vingt ans — pour des raisons politiques et militaires —, cette question ne se pose plus : ce sont des hommes, éventuellement aidés par des télémanipulateurs qui opéreront dans l'espace, sauf peut-être à grande distance de la Terre. Pour l'Europe, en revanche, le choix est ouvert. Le passage des engins automatiques aux véhicules habités serait lourd de conséquences : il faudrait accroître la fiabilité des lanceurs — opération coûteuse — et alourdir les véhicules de transport et les plates-formes spatiales avec des équipements de vie. Cela étant, des robots seraient-ils suffisants dans un contexte de possibilité d'intervention humaine imposé par les Américains ?

Solaris et Hermès

En attendant, les deux voies, automatique et habitée, sont envisagées dans des études françaises et européennes. Le concept du système Solaris (Station orbitale laboratoire automatique de rendez-vous et d'interventions spatiales) intègre trois éléments permettant des opérations automatiques sur une orbite à 800 km d'altitude : une plate-forme de longue durée de vie fournissant énergie et stabilisation à une mini-usine de traitement de matériaux en microgravité ; un véhicule de transport récupérable, capable de rejoindre la plate-forme précédente avec des matières premières et d'en ramener des matériaux traités ; un module de télémanipulation robotique permettant de réaliser les opérations nécessaires au fonctionnement de l'ensemble. Solaris pourrait également avoir des applications dans les domaines de la science et de l'observation de la Terre. D'autre part, le concept Hermès considère un petit avion orbital, lancé par Ariane-5, et capable de transporter sur orbite deux à cinq spationautes et jusqu'à 1,5 t de fret. Naturellement, ces deux approches, robotique et humaine, peuvent être combinées.

En associant les possibilités de lancement d'Ariane-4 ou 5, et

Fig. 43. *Le concept Solaris étudié en France considère l'utilisation d'une station orbi-* ▷
tale automatique, disposant de moyens robotiques d'assemblage et de manipulation.
Cette station pourrait être à la fois (entre autres) une plate-forme d'observation de la
Terre, une mini-usine d'élaboration de matériaux dans l'espace. Des véhicules de
transport automatiques effectueraient des aller-retour entre la Terre et Solaris.

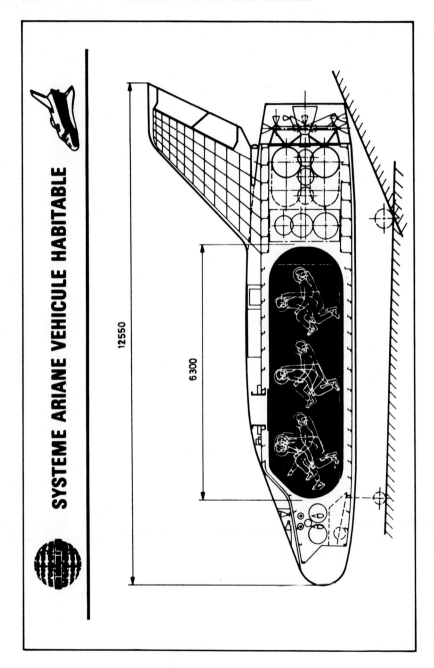

SYSTEME ARIANE VEHICULE HABITABLE

12550

6 300

des capacités d'intervention sur orbite, l'Europe pourrait mettre en œuvre des charges utiles de masses comparables à celles potentiellement autorisées par la navette : 30 t sur orbite basse, ou 8 t environ sur orbite géostationnaire. Il suffirait, pour cela, de procéder près de la Terre à l'assemblage de plusieurs modules satellisés indépendamment. Cela étant, la même procédure pourrait évidemment être utilisée par les Américains pour réaliser des engins encore beaucoup plus lourds. Reste à savoir, cependant, quelles seront au début du xxıe siècle les dimensions des satellites effectivement utiles pour des applications civiles ?

L'avènement du remorqueur spatial

De toute façon, ce seront les développements du Système de Transport spatial (S.T.S.) américain qui imposeront, à plus ou moins long terme, ou n'imposeront pas, de nouvelles formes d'activités spatiales. Si ce développement est rapide et complet, avec toute la panoplie de la station S.O.C., du remorqueur spatial, etc., l'Europe devra certainement s'engager dans des programmes du style Ariane-5, Solaris, Hermès, sous peine de perdre sa place dans des activités spatiales commerciales transformées par la navette. Dans le cas contraire, en revanche, le marché du transport spatial ne changera pas avant l'an 2000 au moins, et c'est la navette qui apparaîtra comme un véhicule inutilement sophistiqué pour les besoins de l'astronautique commerciale contemporaine.

Dans l'ordre des priorités de la N.A.S.A., c'est la station orbitale S.O.C. (chapitre 5) qui occupe le premier rang. Vient ensuite le remorqueur spatial, que les Américains appellent maintenant O.T.V. (pour « Orbital Transfer Vehicle », soit véhicule de transfert [inter]orbital). Comme nous l'avons souligné dès le chapitre 1, ce remorqueur est le complément logique de la navette en tant que moyen de transport, étendant le concept de « réutilisabilité » jusqu'aux orbites éloignées de la Terre. La N.A.S.A. espère disposer vers 1990 d'un O.T.V. dérivé du fameux étage Centaur, capable d'effectuer des aller-retour entre la station S.O.C. sur orbite basse et

◁ Fig. 44. *Si l'Europe décidait de lancer des hommes dans l'espace, elle pourrait réaliser un planeur spatial d'une dizaine de tonnes, semblable au concept Hermès illustré sur ce dessin. Hermès pourrait emporter 5 spationautes avec 200 kg de fret, ou bien 2 spationautes avec 1,5 t de matériel.*

Fig. 45. *Un « remorqueur spatial » serait un véhicule capable d'effectuer des aller-retour entre l'orbite basse atteinte par la navette et les trajectoires lointaines, géostationnaires en particulier. Un tel véhicule, qui pourrait comprendre deux étages cryogéniques, comme sur ce dessin, se trouve au premier rang des projets de la N.A.S.A. pour les années 1990.*

l'orbite géostationnaire. La charge utile serait de 6 t pour un aller, ou bien de 7 t pour un retour, ou bien encore de 3 t pour un aller retour. Il s'agit là de capacités très élevées, et il est certain que la possibilité de récupérer des satellites géostationnaires pourrait avoir un impact sérieux sur l'astronautique commerciale, et donc sur le marché à long terme du nouveau transport spatial.

Des hommes sur orbite géostationnaire

L'O.T.V. serait disponible au début des années 1990. Quelques années plus tard, il serait suivi d'un remorqueur spatial habité, le M.O.T.V. (pour Manned O.T.V., soit O.T.V. habité), pouvant emmener deux astronautes sur orbite géostationnaire. Il s'agirait là d'une étape extrêmement importante : les capacités nouvelles d'intervention dans l'espace, introduites sur orbite basse par la navette et la station S.O.C., s'étendraient à l'orbite géostationnaire, c'est-à-dire à la région privilégiée des applications spatiales. Il deviendrait possible d'assembler des grandes structures directement à 35 800 km d'altitude, et d'entretenir les satellites ou les plates-formes de télécommunications. Vers l'an 2000, ce début d'occupation humaine de l'orbite géostationnaire serait parachevé par l'installation d'une station spatiale permanente. A ce stade, la N.A.S.A. aurait atteint l'objectif qui était le sien au lendemain du programme Apollo : l'occupation permanente de l'espace circumterrestre par l'homme et la banalisation des activités spatiales dans ce domaine. La mise en service des remorqueurs spatiaux pourrait se traduire par une réduction du coût récurrent du transport vers l'orbite géostationnaire et, partant, par des problèmes de compétitivité pour la filière Ariane.

Ce plan est ambitieux. Est-il réaliste ? On peut en douter : le développement en moins de vingt ans d'une station orbitale proche de la Terre, de remorqueurs spatiaux automatiques et pilotés, d'une base habitée géosynchrone, ne paraît pas à la portée budgétaire de la N.A.S.A. Celle-ci a déjà bien des difficultés à financer la mise au point de la navette et la construction de quatre avions-fusées orbitaux. Seules des motivations militaires puissantes pourraient accélérer à ce point le rythme de développement du système de transport spatial américain.

De la navette au cargo spatial

Tout en étant complétée par de nouveaux éléments du S.T.S., la navette devrait peu changer elle-même au cours des prochaines décennies. L'avion-fusée orbital et son réservoir extérieur connaîtront des améliorations mineures : allégement des structures, accroissement des performances des propulseurs, meilleure « réutilisabilité » des protections thermiques. Les accélérateurs à poudre pourraient en revanche être remplacés par des moteurs auxiliaires à propergols liquides, plus performants. De cette manière la charge utile maximale serait portée à 45 t, au lieu de 30 t.

Cela étant, la navette actuelle ne restera pas obligatoirement le seul véhicule américain de transport entre la Terre et sa proche banlieue spatiale. Si les activités dans le cosmos s'intensifient considérablement, un lanceur lourd automatique, un « cargo de l'es-

Fig. 46. *Lanceur lourd récupérable, capable de satelliser plus de 150 t sur orbite basse. Un tel « cargo de l'espace » pourrait être développé si les activités spatiales s'intensifiaient considérablement.*

pace », ayant une charge utile nettement supérieure à celle de la navette, pourrait être nécessaire pour satelliser de gros modules. Ce lanceur lourd inhabité pourrait dériver de la navette, ou bien faire l'objet d'un développement nouveau. Sa charge utile serait de l'ordre de 80 t à 150 t satellisées près de la Terre.

Aux limites de la technologie : la navette à un seul étage

Un autre véhicule de transport vers les orbites basses pourrait lui aussi voir le jour aux États-Unis vers la fin du siècle : une petite « navette à un seul étage », de sigle anglais S.S.T.O. (Single Stage to Orbit Shuttle). Il s'agirait du lanceur idéal, qui rapprocherait vraiment l'astronautique de l'aéronautique : l'avion-fusée capable de

Fig. 47. *Le lanceur « idéal » serait la « navette à un seul étage », capable de se rendre dans l'espace entièrement par ses propres moyens, puis d'en revenir, prête pour un nouveau départ au prix d'un minimum d'opérations. Ce type de véhicule, qui se situe à la limite de l'horizon technologique, intéresse les militaires américains.*

se rendre dans l'espace entièrement par ses propres moyens, et d'en revenir sans « consommer » aucun de ses éléments. Autrement dit la navette, mais avec des réservoirs intérieurs, et sans moteur d'appoint au décollage. Le concept de S.S.T.O. se situe à la limite de la prospective technologique en matière de propulsion et de structure. L'ensemble des moteurs, des réservoirs, de la soute, de l'habitacle, du fuselage, des ailes, et de la charge utile, ne devrait représenter que 8 % de la masse totale au décollage... Pour simplifier légèrement le problème, il serait possible de lancer la navette à un seul étage depuis un avion gros porteur en vol. Des militaires américains considèrent actuellement la possibilité de construire ce type de véhicule, avec une charge utile de quelques tonnes, et un équipage de un à deux astronautes, pour des missions prioritaires d'intervention sur orbite.

Et les Soviétiques ?

Les États-Unis et l'Europe caressent des projets ambitieux pour le transport spatial de la fin du siècle. Qu'en est-il de l'Union soviétique, première puissance cosmique par le nombre des lancements effectués et la masse satellisée chaque année ? Autant que l'on puisse en juger, l'U.R.S.S. a décidé de conserver une approche extrêmement conservatrice dans ce domaine : ses lanceurs actuels A, C et D — dont le plus récent date de 1965 — ne seront pas remplacés avant longtemps ; qui plus est, les performances de ces lanceurs n'évoluent presque pas, contrairement à celles de fusées comme la Thor-Delta ou Ariane. La seule addition attendue à l'arsenal des fusées porteuses soviétiques est un lanceur géant : celui-là même dont le développement, entrepris pour la course à la Lune, avait été suspendu en 1972 à la suite de trois échecs. Selon des sources officielles américaines, la construction de cette fusée, répertoriée par la lettre G, aurait repris à la fin des années 1970, en vue d'une mise en service vers 1985. La charge utile du lanceur G serait considérable : plus de 150 t sur orbite basse. Elle permettrait la mise sur orbite de modules lourds pour de grandes stations orbitales, puis plus tard, éventuellement, des missions habitées vers la Lune et les planètes. Cela étant, l'Union soviétique peut-elle se permettre de ne pas développer à terme un véhicule du type navette spatiale, compte tenu de la compétition politique et militaire qu'elle entretient avec les États-Unis ? Cela paraît improbable. Et il n'est pas impossible que le lanceur géant G soit conçu pour servir un jour d'accélérateur pour un avion-fusée orbital soviétique. Si un tel projet existe, il n'en est sans doute qu'à ses tout débuts, et l'avènement d'une véritable navette spatiale soviétique ne doit pas être attendu avant les années 1990. D'ici là, un véhicule beaucoup plus modeste, un petit planeur orbital du genre Hermès, pourrait apparaître pour faciliter la desserte des grandes stations orbitales.

L'heure de la propulsion électrique

La « propulsion chimique », qu'utilisent toutes les fusées actuelles, est caractérisée par la production de poussées élevées (jusqu'à quelques centaines de tonnes par moteur) et des temps de fonctionnement courts (quelques minutes d'une manière continue). Elle est indispensable pour quitter la Terre et gagner le proche cosmos, lorsqu'il s'agit de s'arracher à la pesanteur de notre planète. Mais dans l'espace, une fois que la satellisation sur orbite basse est acquise, il n'est plus nécessaire de créer aussi rapidement des impulsions. Pour gagner une trajectoire lointaine, voire la Lune ou une autre planète, rien n'interdit de recourir à un système de propulsion fonctionnant des jours, des semaines, et même des mois ou des années, avec une poussée très faible. En principe, des moteurs-fusées classiques, « chimiques », pourraient servir à cette fin. Mais en pratique, il est beaucoup plus intéressant de faire appel à une autre technologie : la propulsion électrique, qui offre des vitesses d'éjection incomparablement plus élevées. Dans un moteur à propulsion électrique, des « ions » − c'est-à-dire des atomes portant une charge électrique − sont accélérés dans un champ électromagnétique et éjectés à très grande vitesse : de l'ordre de 10 à 100 km/s, contre 4,5 km/s pour les meilleurs propulseurs à hydrogène liquide. Le gain en rapport de masse peut être considérable : par exemple, avec un étage supérieur électrique, Ariane-5 pourrait placer 6,5 t sur orbite géostationnaire contre 3,5 t seulement avec un étage cryogénique. Cet avantage va cependant de pair avec une consommation électrique très importante : 400 kW pour un moteur de 0,4 kg de poussée − ce qui est très faible − offrant une vitesse d'éjection de 50 km/s. Or les plus puissantes sources d'électricité utilisées dans l'espace jusqu'à présent ne fournissent que quelques kilowatts. Le développement de la propulsion électrique, c'est avant tout le problème des grands générateurs électriques spatiaux, qu'ils soient solaires ou nucléaires.

A la voile dans le système solaire

La N.A.S.A. a en projet un moteur électrique, le S.E.P.S. (Solar Electric Propulsion System), alimenté par un générateur solaire de 50 kW, qui servirait en premier lieu à propulser pendant des mois des sondes interplanétaires. Le S.E.P.S. rendrait possible des missions exigeant la création d'impulsions beaucoup trop fortes pour la propulsion classique, comme un rendez-vous avec une comète ou un astéroïde. Mais la N.A.S.A. se heurte toujours au même problème pour construire effectivement le S.E.P.S. : le

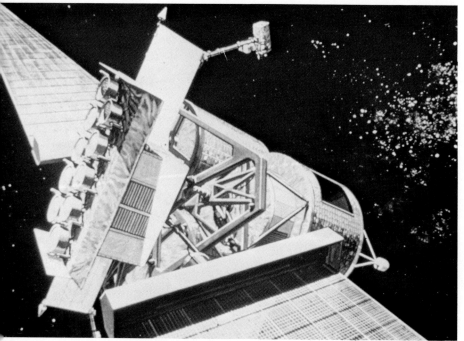

Fig. 48. *Les Américains espèrent construire cet étage à propulsion électrique, qui rendrait possible des missions scientifiques très intéressantes, comme le rendez-vous d'une sonde interplanétaire avec une comète.*

manque de crédits disponibles, compte tenu des investissements prioritaires dans la navette.

Pour des vols interplanétaires très coûteux en énergie, il existe une étonnante alternative technologique au moteur électrique : la voile solaire. Il s'agit d'une immense voilure réfléchissante, qui accélère sous l'effet de la pression du rayonnement solaire. Cette pression est très faible : pour créer une poussée de 1 kg, une voile de 100 000 m² est nécessaire. Le principal problème est celui de la légèreté de la voilure : il faut employer un matériau très résistant et très mince, comme le kapton aluminisé, qui pourrait être utilisé sous une épaisseur de 2 microns seulement. Dans ces conditions, une voile de 1 km² ne pèserait que 2 t, auxquelles il faudrait ajouter la masse de l'armature et de l'électronique de guidage. Elle pourrait

Fig. 49. *Une « voile solaire » de plusieurs centaines de milliers de mètres carrés, poussée par la pression du rayonnement solaire, pourrait accélérer une charge utile à destination de Mars, d'un astéroïde, ou d'une comète.*

lentement accélérer une charge utile de quelques tonnes à destination de Mars, d'un astéroïde ou d'une comète.

Il fait peu de doutes qu'un gigantesque vaisseau spatial à voile s'éloignant de la Terre offrirait un spectacle extraordinaire. Pour l'instant, cependant, la voile solaire n'est qu'un concept prometteur, sans programme de développement en cours.

Les clés d'un nouvel environnement

Fusées cryogéniques en partie réutilisables, véhicules d'intervention sur orbite automatiques ou habités, bases d'opérations spatiales, remorqueurs, cargos, navettes à un seul étage, propulseurs életriques, voiles solaires : l'éventail des possibilités techniques pour l'avenir du transport spatial est largement ouvert. Le véritable problème est celui du choix des technologies bien adaptées aux besoins réels du moment. Avec la filière Ariane, la France et l'Europe se sont données un objectif réaliste : les lancements de satellites d'application géostationnaires. Avec la navette, les États-Unis ont peut-être fait un pari trop ambitieux ou prématuré : transformer à la fois les moyens de transport et la nature des activités dans l'espace. Telle semble être la situation au début des années 1980. Mais Ariane et la navette ne sont qu'un premier pas vers la mise en place de liaisons de plus en plus faciles, de plus en plus nombreuses entre la Terre et le nouvel environnement où s'étend l'activité humaine : l'espace.

ORIGINE DES ILLUSTRATIONS

TABLE DES MATIÈRES

L'impression de ce livre
a été réalisée sur les presses
des Imprimeries Aubin
à Poitiers/Ligugé

Achevé d'imprimer le 20 novembre 1981
N° d'édition, 3835. — N° d'impression, P 10496
Dépôt légal, 4ᵉ trimestre 1981

23.59.3636.01

ISBN 2.01.008201.X

Imprimé en France

23.3636.0